NINGBO

宁波花境

宁波市园林管理局 编著

Flower Border

浙江科学技术出版社

图书在版编目(CIP)数据

宁波花境 / 宁波市园林管理局编著. — 杭州 : 浙江科学技术出版社, 2020.7

ISBN 978-7-5341-8826-8

Ⅰ. ①宁… Ⅱ. ①宁… Ⅲ. ①花境—介绍—宁波 Ⅳ. ①S688.3

中国版本图书馆CIP数据核字(2019)第250253号

书　　名	**宁波花境**
编　　著	宁波市园林管理局

出版发行	**浙江科学技术出版社** 杭州市体育场路 347 号　邮政编码：310006 编辑部电话：0571-85067148
排　　版	杭州万方图书有限公司
印　　刷	杭州富春印务有限公司

开　　本	890×1240　1/16	**印　张**	19.75
字　　数	570 000		
版　　次	2020 年 7 月第 1 版	**印　次**	2020 年 7 月第 1 次印刷
书　　号	ISBN 978-7-5341-8826-8	**定　价**	360.00 元

责任编辑　孙莓莓　王季丰　　**责任校对**　赵　艳

责任美编　金　晖　　**责任印务**　田　文

《宁波花境》编撰委员会

撰　　　序　郑一平

编委会主任　罗近林

编委会副主任　徐　伟　郑志雄

主　　　编　王彭伟

编　　　委　王彭伟　龙　骏　史南君　刘优君　李金朝　张哲斌　林海伦　周朝阳　俞文华　赵天荣　夏宜平　倪　穗　徐绒娣　章建红　蔡鲁祥

总体策划　毛建国

责任编撰　史南君　周朝阳

编撰人员　马　越*　王　勤　王一麾　毛嫣娜　史蓉蓉　吕剑超　刘　双　刘丹丹　刘美佳　许译文　苏　扬　吴亚玲　应梦婷　沈　明　沈昶伟　张　璐　张诗意　罗学超　周朝阳*　胡　勇　徐志宇*　曹　刚　程雪梅*　舒晓玲　童　磊*　谢之江*

（以姓氏笔画为序）
*为主要编撰人员

摄　　　影　谢耀荣　寿晓毅　周妍均

《宁波花境》项目组主要成员

摄于月湖公园芳草居

王彭伟　主编

硕士，教授级高级工程师。1962年6月生，浙江宁波人。1988年毕业于北京林业大学。

现任宁波市园林管理局副局长。长期从事宁波的城市园林绿化建设管理、研究以及园林植物资源开发和推广工作，先后参与了月湖公园、日湖公园、宁波市动物园、宁波市植物园等众多项目的设计工作并担任技术顾问；参与的“地被菊选育的研究”获北京市科技成果二等奖、“月湖蓝藻‘水华’治理及水生生态系统优化”获宁波市科技成果三等奖、“菊花新品种选育及品种收集”获农业部二等奖等；主编或参编了《宁波市绿地系统规划》《宁波市树种规划》《宁波园林植物》等，并长期担任《宁波风景园林》主编、《浙江园林》及《宁波园林苗木信息价》编委等；先后在《园艺学报》《中国园林》《风景园林》《浙江园林》《北京林业大学学报》《南京农业大学学报》《南京林业大学学报》等期刊及国际学术会议上发表论文20多篇。

序

通览《宁波花境》，掩卷而思，抚今追昔，良有感焉。曰：

读花境，赏花境，沧桑岁月尽眼前；

说花事，非花事，兴败荣衰在民心。

《宁波花境》是我市园林专家学者编撰的、继《宁波园林植物》后又一煌煌大作，集资料之大成，创实践之新局。其主体部分“宁波主要花境植物”凡七大类，包罗宁波花境植物，条分缕析，要言不烦，图文并茂，堪为大观。

现代园林学认为，花境（Flower Border）起源于欧洲。19世纪后期，英国园艺学家威廉•罗宾逊（William Robinson）倡导自然式的花园，初造“花境”。19世纪末至20世纪初，被誉为“改变英国景色的人”、花境大师格特鲁德•杰基尔（Gertrude Jekyll）模拟自然界生态，运用艺术设计手法，将众多花卉的花期、形态、色彩与环境融为一体，不但表现出花卉个体的自然美，更展现出植物组合的群体美，开创了一种惊艳绝伦的全新花境形式。杰基尔的园林作品遍及欧洲与北美，余响至今。

花境作为园林艺术的分支，其实源远流长。“虽由人作，宛自天开”——正是花境的贴切写照。这话出自明代人计成的《园冶》。《园冶》是我国古代著名的园林营造专著，承前启后，颇得传统园林艺术的精髓。书中说园林要“自成天然之趣，不烦人事之工”，意谓园林虽是人工造设，但其呈现的景色却像是天然造化一般。

遥想近千年前，北宋政治家、文学家王安石曾治鄞、修水利、兴学校，政绩斐然。公务之余，王安石也寄情山水，着意营造官舍的园林。“山根移竹水边栽，已见新篁破嫩苔”，正当官舍竹影婆娑、菊花吐蕊、花境小成，主人却“一梦三年今复北”，远赴京城候任去了。王

安石一生励精图治，革故鼎新，努力创出一派“万紫千红总是春”的宏大“花境”。这自然不是官舍的或文人雅士的小花境可以比拟的。

道法自然。自然美中亦见“治道”之美——“黄河清，天下平”如此，人居环境的花团锦簇也如此。

先贤眼中，青山绿水、如花美境被赋予了深刻含义，注定与人民的美好生活相辅相成。倘若经济萧条、社会动荡，民众何来幸福？田野、乡村、院落何来如花美境？中华人民共和国成立之前的很长时期里，生灵涂炭，山河蒙羞，不正是明证么。由此推论，如花美境必是盛世欣欣向荣之象，追求环境优美，是人们向往幸福生活的题中之义。

中华人民共和国成立以来，尤其是改革开放以来，宁波和全国各地一样迎来了发展的黄金时期。且不论经济总量的巨幅增长，还是社会各个领域翻天覆地的变化，只要放眼看看我们周围的生活环境，如街道、公园、广场和居民小区，处处错落有致的绿篱、草坪、花坛、果木，四季花开，移步换景，足以令人心旷神怡。今天，花境早已走出皇家园林和达官贵人私邸的范畴，走进了社会的公共领域，且比以往任何时候更能反映人民的美好生活。园艺师们古为今用、洋为中用，正在开创宁波花境新的繁荣时期，描绘着无比美好的明天。

《宁波花境》是一本园林专著，但也不仅仅是一本园林专著。从花境到人居环境，点点滴滴都折射出民族伟大复兴的光辉征程。

花境多美丽，生活多美好。

是为序。

郑平

2019年9月

目 录

第一章　花境概况

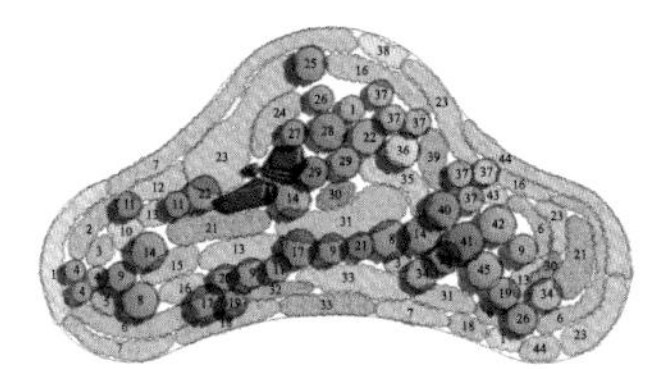

随着我国经济发展水平和人民生活水平的不断提高，加之绿化环保理念的不断增强，人们对园林绿化质量和水平的要求也越来越高。花境作为园林绿化建设中的新宠儿，在我国已经受到了越来越多的重视，其“虽由人作，宛自天开”的意境营造和生态环保、经济节约、可持续发展的理念，顺应了新时代发展的要求，成为园林景观向低碳、环保、自然方向发展的重要体现。

一、概述

（一）花境的概念

花境是模拟自然界林缘地带野生花卉交错生长的状态，以宿根花卉、花灌木为主，经过艺术提炼而设计成宽窄不一的曲线式或直线式的自然式花带，表现花卉自然散布生长的一种自然式植物配置形式。

其内容包含：

（1）植物材料主要以低维护、易管理的多年生宿根花卉为主，并广泛地应用花灌木、一二年生草花、球根花卉等园林植物。

（2）在设计形式上多呈带状构图，可供单面或多面观赏。

（3）模拟自然界中多种野生花卉交错生长的状态，经过艺术提炼，体现回归自然、生态设计的思想。

（4）花境一般采用树丛、树篱、建筑物、墙体等作背景。

（5）在园林设计应用中，可以起到美化自然景观、分隔空间、组织游览路线等作用。

花境作为植物造景形式之一，既具有实用性，更具有艺术性，因其在形式上的自然、灵活及植物种类丰富而受人喜爱。近年来在城市园林绿化中，花境应用有不断增多的趋势，通过内容和主题，合理选择植物品种，充分利用植物自身的色彩、株型、质感、高矮等特性，加以艺术的提炼与组合，就可以取得层次丰富、配置合理的花境景观效果。

（二）花境的分类

花境可按照植物选材、花期、观赏角度等进行分类。

(1)按植物选材可分为：宿根花卉花境、灌木花境、球根花卉花境、一二年生花卉花境、混合花境、专类花境、观赏草花境。

(2)按观赏角度可分为：单面观赏花境、双面观赏花境、多面观赏花境。

(3)按花期可分为：早春花境、春夏花境、秋冬花境。

(4)按花色可分为：单色花境、双色花境、多色花境。

(5)按园林应用环境可分为：林缘花境、路缘花境、墙垣花境、草坪花境、滨水花境、庭院花境、隔离带花境、岩石花境。

(6)按布置形式可分为：带状花境、列式花境、岛式花境、台式花境。

二、花境的起源与发展

(一)起源

花境起源于英国传统的私人别墅花园，是一种古老的花卉应用形式。人们一直在努力探求一种适宜的花卉种植方式，于是就有人在树丛或灌木丛周围成群地混合种植一些管理简便的耐寒性宿根花卉，这种花卉应用形式便是最初的花境。

19世纪后期，英国著名园艺学家威廉•罗宾逊倡导自然式的花园，为花境概念的形成奠定了基础。19世纪末20世纪初，对当今园艺界颇有影响的英国著名造园家格特鲁德•杰基尔(Gertrude Jekyll，1843—1932)开始将宿根花卉按照色彩、高度及花期搭配在一起成群种植，开创了一种被称为花境的全新的花卉种植形式。从维多利亚时代后期起，草本花境已是极为风靡，草本花境的突出魅力在于其丰富的色彩感、有序的空间层次和植物株型的合理配置。20世纪初至中后期，在草本花境蓬勃发展的同时，出现了混合花境和四季常绿的针叶树花境等特色鲜明的花境造景形式。随着时代的变迁和文化的交流，花境的形式和内容也在变化和拓宽，用于花境的植物种类也越来越多，但是其基本设计思想和种植形式仍被传承了下来。在西方发达国家，花境得到了广泛的应用，这不仅提高了园林绿化美化的水平，提高了园林绿化的艺术性，也体现了花境在城市建设及生态园林建设中的重要作用。

(二)国内花境的发展

20世纪70年代后期，“花境”这一概念逐渐引入中国，在一些城市得到一定的推广，如杭州花港观鱼公园中就采用了英国风景园林的花境设计手法。随着人们对保护和构建生态环境及植物多样性的不断重视，花境设计也逐步被广泛应用和深入研究。但总体来说，我国花境设计还处于起步阶段，发展缓慢，设计理论和方法还存在很多不足。如植物种类比较单一、缺少动态上的季相变化设计和竖向上的立面设计等，大部分园林设计和建设者对于花境的了解还只是停留在仅知其自然野趣的景观风格上，而对于花境具体的设计程序和植物选择的原则要求却知之甚少，对花境设计和应用方面也缺乏深入系统的研究，这需要我们未来的花境设计工作者在充分了解植物学知识的基础上，遵循造型艺术的基本法则，进行花境设计的构景和植物配置。目前花境在景观营造上主要是以多年生花卉、花灌木混合为主，配以一些时令花卉，也可以取得不错的景观效果，深受各地游客的喜爱。当然，花境设计中的植物选择会受到气候、地理以及人文因素的影响，因而要因地制宜、因时而变、因题而变，不可拘泥于固定的模式，这样才能最大限度地发挥花境景观的生态性、美观性、可持续性和地域优势。

随着花卉品种的不断丰富和从业人员专业素质的提高，花境将被更广泛地应用于各种城市空间之中，以适应时代发展的需求，不但能够解决传统的花境设计所带来的形式单一和景观效果差等问题，而且可以使植物种植设计更科学、合理，更具生态性。按照麦克哈格的“由‘仿生’向生态自然拓展”的理念，仅依靠增加乔木的种类来丰富物种的效应已十分有限，而用花灌木和多年生花卉营造花境则更具潜力，并且可以充分发挥花境绚丽多姿、构图自然、层次丰富的景观特质，使之成为现代园林重要的植物景观形式之一，从开放性、大众化、公共性的现代景观设计的基本特征出发，使花境走出传统庭园，向现代园林城市空间拓展。

三、花境的特点

花境是现代园林中备受广大群众青睐的一种更高层次、更具欣赏性的园林景观形式。花境相比于较为传统的园林景观方式如花坛、花带等，具有更为鲜明的特点和优势。

（一）植物种类丰富、季相变化明显

在花境中通常会应用多种植物材料，其中以宿根花卉为主，还包括一二年生花卉、球根花卉、观赏草、花灌木以及慢生性的小乔木等。一般通过借鉴自然界中多种野生花卉交错生长的自然状态，运用艺术的设计手法模拟出多种不同植物聚集成的一个群落生态景观。花境通常没有较为规范的种植形式，大多根据种植者的偏好种植而成，所以花境中的植物种类和数量也多少不一，有些花境植物种类有十几种，也有些花境植物种类多达四五十种。花境的不同植物种类往往在不同的季节中呈现出不同的叶色及花色等景观效果，因此花境带来的景观感受也随着季节的变化而改变，这种更具多样化的季相景观效果正是花境有别于传统花卉景观应用形式的重要特点之一。

（二）景观丰富多样、应用范围广泛

花境配置一般高低错落排列，配置的多种植物的花色、花期、花序、叶型、叶色、质地、株型也各不相同，通过对这些不同观赏对象的组合配置，可起到丰富植物景观的层次结构、增加植物物候景观变化等作用，从而创造出层次丰富、观赏角度多样的植物群落景观。花境对布置场地的适应性也较强，不仅可以布置在较为开阔的公园绿地、风景区旁，也可以布置在街边绿地、道路绿篱、建筑物前等地方，应用场景广泛。如可以布置在道路中间作为

带状的隔离带花境，也可以布置于交通岛作岛式中央花境，还可以在公园绿地或商业中心聚焦处作节庆主题花境，不仅可以改善公共场所的景观效果，还可以起到分隔交通空间与游园路线、烘托节日氛围等众多实际功能。

（三）花境观赏期长、养护相对粗放

花境一旦成景，只要养护得当就可以保持数年不衰，并且因为植物材料丰富，各种植物的最佳观赏时间相互交错，可以让人们对花境保持长时间的新鲜感，极大地丰富和延长了城市景观效果。此外，由于宿根花卉等多年生、慢生性植物材料的运用，使得花境的养护管理比由一年生的草花组合而成的传统花坛、花带等景观形式更粗放，在丰富城市景观效果的同时，还有效地节约了成本。

四、花境的养护

精细的养护管理是使花境长时间保持最佳观赏效果的重要保障。俗话说“三分种、七分养”，尤其花境的景观植物种类众多，群落生态习性不一，若要确保植物群落的生态环境维持最佳状态，高质量的养护管理必不可少。与一般的花坛或者绿化带的常规养护不同，花境养护只要得当，不仅后期可以保持较低的养护成本，而且能体现花境景观的变化多样。

（一）浇水

与一般传统花卉景观相同，在花境种植完成之后，都需要对花境植物进行浇水。花境中的植物品种相当丰富，因此植物的需水量取决于不同的植物品种以及种植的土壤、气候等多方面条件，大多数花卉植物在移植初期都需要较为充足的水分，在初次移栽种植后必须进行三次浇水：栽植后马上浇第一次；2～3天后浇第二次；再过2～3天浇第三次，每次都需浇足浇透水。此后最好的浇水方法是“见干见湿”，即在土壤相对干燥后再进行浇水，且在每次浇水时都确保充分浇透，以保证土壤和植株的根部都能充分湿润，促进植物深层根系的生长，提高花境一次种植存活率。

日常养护中也要保证对植物进行持续的人工补水。浇水的时间依据天气、降雨情况的不同而有变化。通常在夏季或气候干燥多风时需要多浇水，雨季应少浇水，冬季上冻之前应提前浇足水以利植物安全过冬。

（二）除草

除草是花境养护管理中最费时的工作。在花境种植前，应当尽量将圃地中的杂草彻底清除干净，可为日后花境的管理及维护减少很多工作量。在每年的春季宿根花卉刚刚发芽的时候，也应及时除去那些冒出来的杂草以保持花境整洁。在夏末秋初更应该将杂草除净，避免其成熟的籽实落在花境中导致第二年工作量的加剧。

另外，我们还可以使用化学除草剂。在使用化学除草剂的时候要严格按照说明书规范操作，尤其注意稀释浓度，同时应该在无风的时间段使用，避免溅到其他花境植物上而对其造成伤害。

（三）施肥

施肥是花境养护管理中的重要环节，但必须与其他养护管理措施，特别是浇水密切配合，才能充分发挥肥效。花境中的宿根花卉应用较多，在初次种植时，应深翻土壤，并施入大量有机肥料，为植株提供生长所需的充足养分，维持良好的土壤结构。同时因为宿根花卉多年开花，在养护中需要不断补充营养才能保持花境花卉生长茂盛，花大花多，因此最好在春季新芽抽出时追肥，花前和花后各追肥一次。秋季叶枯时，可在植株四周施以腐熟的厩肥或堆肥。

一般在幼苗生长期和枝叶发育期多施氮肥，以促进营养器官的发育，而在孕蕾期和开花期则应多施磷肥，以促进开花结果，延长开花期。施肥前要先松土，以利于根系吸收。施肥后要及时浇透水。不要在中午前后或有风时施追肥，以免无机肥伤害花卉植株。施肥要依据植物品种进行，有些宿根花卉在肥沃的立地条件下易徒长而引起倒伏，开花量少，影响其观赏价值，所以此类植物应控制施肥。

（四）修剪

在花境养护中对植物的修剪整形是保持花境景观处于最佳观赏效果的必要手段。因为花境中不仅有宿根花卉，还有其他诸如花灌木等种类繁多的植物，针对植物个体的不同生理习性，修剪方法和作用也各不相同。

对宿根花卉进行修剪一般都是剪除多余的侧枝及败谢的花朵或花序，余下部分则会生长强健，从而开出较大的花朵。修剪可以促进很多宿根花卉二次开花或者持续开花。对宿根花卉进行残花修剪还可以促进侧枝开花或延长花期。对于仅开花一次的植物，及时剪除残花残枝可以避免影响花境的整体景观效果。在秋冬季要对花境进行整理，清除所有枯败的叶片和茎干，同时清理残留杂草以保持花床的整洁，利于植株间的空气流通，有效减少虫害的发生。

对于花灌木及乔木这类低养护的植物类型，除了需要对其进行定期剪除死枝或者生长衰弱的枝条外，一般根据景观需要仅进行简单的疏枝修剪和整形修剪，其他时间无需修剪。可根据不同的植物品种等具体情况采取摘心、摘叶、除芽等技术举措。

对于观赏草等一些在冬季依旧具有较高观赏价值的植物，应保留地上部分直到翌年春天再进行修剪整理。

修剪是一项技术性较高、针对性较强的养护工作，需根据不同的花境特点、植物习性、环境条件等情况而采取不同的修剪方法。

（五）病虫害防治

花境中丰富的植物种类往往能够吸引众多其他生物形成一个小型的生物群落，所以花境中病虫害的发生与防治都比一般植物景观更复杂多样。不同的植物种类在不同的生长发育阶段都可能遭受不同病虫害的侵袭，不论是植物的长势变差还是死亡，都会严重影响花境的观赏效果。所以在花境的养护过程当中要高度重视病虫害的防治，一旦发现要及时治理。为避免伤害其他健康的植物，要尽量使用生物防治和物理防治，必要时再使用化学防治。

（六）补栽及换种

花境作为一个长效的观赏景观，随着时间的推移或是养护管理不当甚至人为的破坏，都难免会出现植株死亡缺损或局部植物退化导致景观变差的情况。对于花境中所使用的一二年生花卉尤其要注意，应及时补栽及换种，以保证花境整体的观赏效果。

当然，由于花境的种类繁多，每个具体的花境也各不相同，针对不同的花境还要进行具体分析，例如有些花境中有较为高大的乔木，那么在种植初期就要对这类植物采取支撑等防护措施；再如对有些条件具备的花境也可以在土壤表面覆盖树叶、碎树皮、碎石、鹅卵石等覆盖物，以减少土壤的水分蒸发，抑制杂草的生长，并对植物的根系提供一定的保护等。

总之，养护管理工作是一项维持花境景观效果的长效工作，需要把养护管理当作一项常态化的工作去做，经常观察各种植物的生长情况，仔细记录各类花卉的开花及病虫害情况，这样才能发现问题及时处理，保证花境在较长时间内一直保持较好的观赏效果。

五、宁波花境

（一）宁波的自然概况

宁波位于东经120° 55'至122° 16'，北纬28° 51'至30° 33'，地处我国大陆海岸线中段，浙江宁绍平原东端，长江三角洲南翼，是浙江省东北部东海之滨的重要城市。东有舟山群岛为天然屏障，北濒杭州湾，西接绍兴市的嵊州、新昌、上虞，南临三门湾，并与台州的三门、天台相连。

城市远郊，东、南、西三面群山环绕，四明山、达蓬山绵亘西北，尽于杭州湾，太白山逶迤东南，潜于东海。北部、东南部海岸线曲折绵长，是我国著名的深水良港。目前，全市陆域总面积9816km^2，其中市区面积为3730km^2。

宁波境内有四明山和天台山两支主要山脉。宁波有浙江省八大水系之一的甬江，其是由余姚江、奉化江两江汇聚而成的，水资源丰富。宁波有漫长的海岸线，港湾曲折，岛屿星罗棋布。全市海域总面积为9758km^2，岸线总长为1562km，其中大陆岸线为788km，岛屿岸线为774km，占浙江省海岸线的三分之一。全市共有大小岛屿531个，面积524.07km^2。宁波境内有“两湾一港”，即三门湾、杭州湾、象山港。这些湾港，因有钱塘江、甬江及众多溪河注入，夹带着大量营养物质，为滩涂和近海生物繁殖提供了丰富的养料。

宁波属亚热带湿润型季风气候，温和湿润，四季分明，年平均气温在16.3～16.5℃之间，最热月均温28℃，最冷月均温4.2℃；极端最低温-11.1℃，极端最高温41.2℃。全市无霜期一般为230～240天，作物生长期为300天。年平均降水量为1300～1400mm，其中5—9月的降水量占全年降水量的60%。

境内土壤属红壤地带北缘。据全国第二次土壤普查分类系统，境内土壤分土类11个、亚类20个、土属58个、土种135个。

植被属中亚热带常绿阔叶林北部亚地带，浙闽山丘甜槠、木荷林区。历史上森林植被茂密，中华人民共和国成立前近百年累遭摧残，“大跃进”年代复受破坏，原始植被常绿阔叶林几乎绝迹，代之针叶林、灌丛等次生植被及人工引种植被类型。次生植被由飞机播种、人工造林、封山育林而成。森林覆盖率50.35%。境内植被的分布从南至北无明显差异，主要森林植被为马尾松，20世纪90年代初，松材线虫病来袭，马尾松等松类面积减少三分之二，多代之以地带性植被次生常绿落叶阔叶林。栽培农作物种类基本相同，栽培引种林木、园艺作物表现出一定适应性：南部地区为亚热带水果适生区，从澳大利亚引种的木麻黄、桉树，越冬范围限象山港南；中部地区分布亚热带、温带相交水果群落；北部地区分布温带落叶水果。从东至西植被类型差异较大，东部濒海，天然植被多盐蒿、芦苇，栽培植物以水稻、棉花为主；西部丘陵山地，主要分布山丘植被类型，沿海植被极少见。

境内植物种类繁多，热带、温带植物兼有。宋宝庆《四明志》载36种，明嘉靖《宁波府志》记禾、木、果、草、瓜、花、菜、药等426种，民国《鄞县通志》收441种。现除藻类、菌类、地衣及苔藓植物尚未作系统调查，已知维管束植物215科1168属3275种（含种下等级258变种、40亚种、44变型、190品种）。其中，蕨类植物39科78属206种，裸子植物9科32属90种，被子植物167科1058属2979种。常见栽培及归化植物有25科322属1063种（含种下等级）。

（二）宁波花境的现状

在明代天一阁中就有了花境的雏形。而今，随着城市园林绿化建设的进一步拓展，城市绿地系统得到了进一步完善，且从国家园林城市创建成功及第一次和第二次复查工作以后，宁波市逐步将城市绿化景观品质提升提上议事日程，“从绿色走向彩色”成为园林工作者的主要工作目标。为了快速实现“从绿色走向彩色”，除了大量运用色叶树种和观花植物外，宁波还采用了花境这一种绿化形式。

花境因其生态观赏性强，配置自然，故最开始在宁波的庭院中引入应用较多。以后随着花境的应用形式灵活、植物种类丰富、配置手法多变、景观效果显著等特点逐渐被人们所认识，由最初的私家小庭院拓展到了居住小区及城市绿地中。2008年开始，宁波紧锣密鼓地开展着从专类园的升级改造到主要道路景观绿化提升改造等一系列景观靓化工程。2009年，精心实施了民安路等三条城区道路绿化提升改造项目，特别是在海曙区和义大道、灵桥路绿地等处进行花境的应用试点，面积达到8000余m^2，并取得良效，有效提升了绿地景观的质量和品质。

2010年，为迎接（上海）世博会部分论坛活动在宁波举行，点靓城市景观，展现宁波特色，营造良好氛围，宁波开展了城区花境改造项目。此次城区花境改造项目以世博为契机，从深度与广度上对城区绿化景观进行了靓化提升。该次花境提升涉及海曙、江北、江东、鄞州、镇海、北仑、高新七区，在主要道路节点新增花境总量近600个，主要节点有海曙区域大沙泥街、解放南路、柳汀街等路段主要交通口（岛）；江北区槐树路、通途路等主要街头绿地及宁波北出入口；原江东区主要商业地段，如香格里拉大酒店、金光中心等；鄞州区市博物馆、万达商圈附近等；镇海区宁镇路、宁波帮文化公园、沿江路等；北仑区中河路、泰山路、太河路各交叉口等；高新区江南公路、杨木契路等街头绿地等，总面积达4万平方米左右，并结合世博活动路线，强化着重点位。花境改造设计充分结合了立地环境特征，在原有基础上，强化地形起伏感，运用自然舒展的地形轮廓与背景的相融合，形成线条上的呼应与对比。在植物配置上，结合地形与构图，开展中层与地被的多层次推进，其边缘与草坪形成自然过渡，并注重常绿与落叶、喜光与耐阴的合理搭配。此次花境改造工程实施后，得到了社会各界的充分肯定，奠定了花境绿化形式在宁波充分运用的基础。而后，宁波市各建设单位在城市绿化景观配套工程实施过程中，充分融入花境运用概念，在城市街头绿地各类花境逐步展现。与此同时，宁波各公建民建项目中也陆续融入花境理念，逐步拓展绿化形式。

经过几年的绿化发展，城市街头绿地已逐步渗透着花境景观。2014年，为更好地开展城区美化彩化建设项目，宁波结合实施“一路一品，一街一景”道路增色工程开展了花境改造提升。此次在新建花境的基础上，对原有花境进行了进一步改造提升，涉及当时老三区共30个点位，如海曙区的沙泥街与解放北路交叉口、银亿时代广场东侧交叉口、长春路与柳汀街交叉口、天一阁南门两侧（马衙街口）等；原江东区城管局对面花坛、通途路与中兴路东侧、通途路与中兴路东南侧、桑田路与惊驾路路口等；江北区解放桥西北侧绿地、通途路与湖西路交叉口、天水家园北门对面、大闸南路与槐新路东西侧等。

因花境的点位选取较重要，植物配置种类丰富，故后期养护管理上具有很大的挑战性，使城市绿化维护管理面临较为严峻的考验，加之近几年城市轨道交通及重大工程相继上马实施，对城市公共绿地内的花境留存产生了很大影响。宁波将结合城市建设规划，在城市景观品质提升中寻找花境的可持续发展，以期花境在绿化景观提升中能有更好的发展前景。

（三）宁波花境的发展前景

自改革开放以来，宁波经济持续快速发展，宁波的园林绿化也随着城市的发展而不断发展，由原来仅有中山公园和为数不多的河岸绿化等园林绿化资源，到如今逐步建设成布局基本合理、功能相对完善、园林绿化资源极大丰富、城市环境优美的园林绿化体系。尤其在“十二五”期间，宁波在全市全力营造特色园林，打造亮点工程，依据市区不同街区道路的特色环境空间，因地制宜地采用不同配置方法，设计营造了多样化的街头花境共计250余个，极大地丰富了宁波的城市景观。

花境作为一种多样、灵活、新颖、节约的花卉应用形式，不仅受到了宁波园林设计工作者的喜爱，也得到了宁波园林主管部门的高度重视，在宁波的园林绿化当中已经越来越多地得到应用，并且受到了群众的广泛认可和好评。由此可见，花境在宁波今后的园林城市景观美化中将起到越来越大的作用。

第二章　宁波主要花境植物

一、一二年生花卉

大花马齿苋 *Portulaca grandiflora*

别名：太阳花、半支莲、松叶牡丹

科属：马齿苋科，马齿苋属

类别：一年生肉质花卉

原产与分布：原产巴西，现中国各地广泛栽培。

性状特征：株高10～25cm。茎细而圆，平卧或斜升，紫红色。叶密集顶部，下部叶分开，不规则互生，肉质，细圆柱形，有时微弯，亮绿色；叶柄极短或近无柄，叶腋常生一撮白色长柔毛。花顶生，杯状，花瓣5或重瓣，有白、黄、红、紫、粉红等色，基部有叶状苞片。花期6—9月，果期8—11月。

生态习性：喜温暖、阳光充足的环境，阴暗潮湿之处生长不良。极耐瘠薄，一般土壤都能适应，对排水良好的砂质土壤特别钟爱。半月施一次1‰的磷酸二氢钾，就能达到花大色艳、花开不断的效果。

相似植物：马齿牡丹（*P. oleracea* var. *granatus*），大花马齿苋与马齿苋的人工杂交园艺变种，比马齿苋花大，比大花马齿苋叶宽，叶长椭圆形，像马齿，花朵的形状像牡丹，所以称为马齿牡丹。

花境应用：花期长，花色多，适合作夏秋花境用材，一般用于花境的前景。因其多见阳光能促进花开，且早、晚及阴天闭合，所以特别适用于阳光充足的草坪花境。

大花马齿苋

马齿牡丹

马齿牡丹

马齿牡丹

2 虞美人 *Papaver rhoeas*

别名：丽春花、赛牡丹、满园春、仙女蒿、虞美人草、舞草

科属：罂粟科，罂粟属

类别：一年生花卉

原产与分布：原产欧洲，现中国各地广泛栽培。

性状特征：株高25～75cm，全株被伸展的刚毛。茎直立，有分枝。叶互生，长椭圆形，不整齐羽状分裂，淡绿色；上部叶无柄，下部叶有柄。花单生于茎和分枝顶端；花梗长10～15cm，含苞时下垂，开花后向上；花萼片2，具刺毛；花碗形，有单瓣、半重瓣和重瓣，花色有纯白、紫红、粉红、红、玫红等色，基部通常具深紫色斑点。花果期3—8月。

生态习性：喜光及通风良好的环境；耐寒，怕暑热；忌积水，喜排水良好、肥沃的砂质壤土。具直根，不耐移栽，忌连作。

花境应用：花色艳丽，花形别致，花色较多，花期长。可用于春夏花境，作花境的中景及前景材料。

虞美人

虞美人

虞美人

虞美人

虞美人　虞美人　虞美人　虞美人

3 花菱草 *Eschscholtzia californica*

别名：加州罂粟、火罂粟、金英花

科属：罂粟科，花菱草属

类别：多年生作一二年生栽培

原产与分布：原产美国加利福尼亚州，现中国各地广泛栽培。

性状特征：株高30～60cm，全株无毛，被白粉，呈灰绿色。茎直立，明显具纵肋，分枝多，开展，呈二歧状。叶互生，多回三出羽状细裂。花单生于茎和分枝顶端；花梗长5～15cm，花开后呈杯状，边缘波状反折；花萼片2，花期脱落；花瓣4，金黄色，基部具橙黄色斑点。花期4—8月。

生态习性：喜光，喜冷凉干爽环境；耐寒，不易湿热；耐瘠薄，宜疏松肥沃、排水良好、上层深厚的砂质壤土。

花境应用：花菱草叶形优美，花色鲜艳夺目，花期长。可用于春夏花境，作花境的中景及前景材料。

花菱草

花菱草

醉蝶花 *Cleome spinosa*

别名： 西洋白花菜、凤蝶草、紫龙须、蜘蛛花

科属： 白花菜科，白花菜属

类别： 一年生花卉

原产与分布： 原产美洲，中国无野生分布，现各大城市引种栽培以供观赏。

性状特征： 株高0.9～1.5m。全株有强烈气味并被黏质腺毛。叶为具5～7小叶的掌状复叶，小叶草质，椭圆状披针形或倒披针形，中央小叶盛大，最外侧的最小；叶柄常有淡黄色皮刺，有托叶刺。总状花序顶生，初期小花密集形成一个丰满的花球，随花渐开可长至40cm；萼片条状披针形并向外翻折，似舞动的蝴蝶，十分美观；花苞红色，花瓣呈玫瑰红色或白色。花期6—9月，果期8—10月。

醉蝶花

生态习性： 喜光，亦耐半阴；喜高温，较耐暑热，忌寒冷；耐干旱，忌积水；喜疏松、肥沃、湿润土壤。直根系花卉，不耐移植，适应性强。

花境应用： 花期长，花沿花序自下而上次第开放，花瓣轻盈飘逸，盛开时似蝴蝶飞舞，颇为有趣。可用于夏季花境，作花境的中景或背景材料。

醉蝶花

醉蝶花

紫罗兰 *Matthiola incana*

别名：草桂花、草紫罗兰

科属：十字花科，紫罗兰属

类别：多年生作二年生栽培

原产与分布：原产欧洲西部及南部。现中国南部地区广泛栽培。

性状特征：株高30～60cm。全株被灰色星状柔毛。茎直立，基部稍木质化。叶互生，长椭圆形或倒披针形，基部狭窄成柄。总状花序顶生或腋生，长7～15cm；花梗粗壮；花瓣倒卵形，十字形排列，花有紫红、淡红和白色，芳香，原种为单瓣，园林上常用的为重瓣品种。花期4—5月。

生态习性：喜光，稍耐阴；喜温暖湿润的环境，忌高温多湿，冬季能耐－5℃低温；喜深厚、肥沃、湿润的土壤。

花境应用：花色丰富、鲜艳，花朵茂盛，花期长。可用于春季花境，作花境的前景或中景材料。

紫罗兰

重瓣紫罗兰

紫罗兰

多叶羽扇豆 *Lupinus polyphyllus*

别名：鲁冰花

科属：豆科，羽扇豆属

类别：多年生作一年生栽培

原产与分布：原产美国西部，现中国各地广泛栽培。

性状特征：株高50～100cm，全株无毛或上部被稀疏柔毛。茎粗壮直立，分枝成丛。掌状复叶，小叶7～11枚；叶柄远长于小叶；托叶披针形，下半部连生于叶柄；小叶椭圆状倒披针形，先端钝圆至锐尖，基部狭楔形。总状花序远长于复叶；花多而稠密，互生，花冠蓝色至堇青色，无毛，旗瓣反折，龙骨瓣喙尖，先端呈蓝黑色。花期6—8月。荚果，果期7—10月。

生态习性：喜光，耐阴，喜凉爽的环境；较耐寒，忌高温高湿；不耐盐碱；喜土层深厚、排水良好的微酸性砂质壤土；不耐移植。

多叶羽扇豆

多叶羽扇豆

多叶羽扇豆

相似植物：羽扇豆（*L. micranthus*），俗称鲁冰花，一年生，株高20～70cm。茎基部分枝。掌状复叶，小叶5～8枚，披针形至倒披针形，叶质厚。总状花序顶生，较短，长不超出复叶；花序轴纤细，花梗甚短，萼二唇形，被硬毛，花冠蓝色，旗瓣和龙骨瓣具白色斑纹。花期3—5月，果期4—7月。园艺栽培品种较多，有白、红、蓝、紫等花色，而且花期长，可用于片植或在带状花境群体配植。

花境应用：叶形优美，花序醒目，花色丰富，可用于暮春初夏花境，作花境的中景或背景材料。

多叶羽扇豆

多叶羽扇豆

多叶羽扇豆

多叶羽扇豆

羽扇豆

长春花 *Catharanthus roseus*

别名：日日草、日日新、雁来红

科属：夹竹桃科，长春花属

类别：多年生作一年生栽培

原产与分布：原产非洲东部，现中国西南、中南及华东等地有引种栽培。

长春花

性状特征：株高可达60cm。茎分枝，近方形，有条纹，灰绿色。叶膜质，全缘，倒卵状长圆形，先端浑圆，有短尖头，基部广楔形至楔形，渐狭而成叶柄；叶脉在叶面扁平，主脉白色，在叶背略隆起。聚伞花序腋生或顶生，有花2～3朵；花冠红色或白色，高脚碟状，花冠筒圆筒状；花冠裂片宽倒卵形。花期4—11月。

生态习性：喜光，喜温暖稍干燥环境，不耐寒，忌湿怕涝；耐瘠薄，不耐碱性土。

花境应用：花期长，花色丰富，可用于春至秋季花境，作花境的前景或中景材料。

长春花

长春花

彩叶草 *Coleus scutellarioides*

别名：五彩苏、五色草、洋紫苏、锦紫苏

科属：唇形科，鞘蕊花属

类别：多年生作一年生栽培

原产与分布：原产于亚太热带地区，现在世界各国广泛栽培。

性状特征：株高30～50cm，但大多控制在30cm以下，全株有毛。茎四棱，基部木质化。单叶对生，卵圆形，先端渐尖边缘有锯齿；叶面色彩丰富，因品种不同有黄、红、紫、橙等斑纹，边缘绿色。花小，浅蓝色，呈圆锥花序。花期夏秋季。

生态习性：喜光，但忌强光直射，喜温暖湿润的环境，不耐寒；喜富含腐殖质、排水良好的砂质壤土。

花境应用：以观叶为主，叶色丰富多彩，可用于春夏花境，作为花境前景材料。

紫苏 *Perilla frutescens*

别名： 大紫苏

科属： 唇形科，紫苏属

类别： 一年生花卉

原产与分布： 原产中国，华北、华中、华南、西南及台湾省均有野生分布和栽培。

性状特征： 株高0.5～1.5m。茎直立，钝四棱形，紫色、绿紫色或绿色。单叶对生，阔卵形或圆卵形，边缘具粗锯齿；叶背面紫色，也有全株紫色或绿色，在园林中以全株紫色多见。轮伞花序2花，组成偏向一侧顶生或腋生的总状花序；花冠紫红色、粉红色至白色。花期7—10月。

生态习性： 喜温暖湿润的环境；耐瘠薄，对土壤要求不严，以排水良好、肥沃的土壤为佳；适应性强。

花境应用： 以观叶为主，叶形整齐，可用于春夏花境，如林缘花境，作花境的中景及背景材料。

紫苏

紫苏

10 红花鼠尾草 *Salvia coccinea*

别名： 朱唇

科属： 唇形科，鼠尾草属

类别： 一年生花卉

原产与分布： 原产于北美南部，现世界各地均有栽植。

性状特征： 株高30～60cm，全株具柔毛。茎耸立分枝。叶长心形，微皱，叶缘有钝锯齿。总状花序顶生，花小，花冠筒唇形，长不超过2.5cm，下唇长2倍于上唇，深（鲜）红色；花开时花萼较早脱落，花期7—8月。（播种繁殖，秋播花期为翌年早春4月；夏播花期为8至9月。）

红花鼠尾草

生态习性：喜光；喜温暖环境，不耐寒；喜肥沃、排水良好的砂壤土；适应性强。

相似植物：粉唇（*S.coccinea* ‘Coral Nymph’），花冠淡粉色。

白色朱唇（*S.coccinea*‘Snow Nymph’），花萼、花冠都是白色。

一串红（*S.splendens*），花较大，长4cm以上。

一串紫（*S.splendens* var. *atropurpura*），一串红的变种，其花萼、花冠都为紫色。

花境应用：花色明快艳丽，可用于春季或夏季花境，作花境的前景或中景材料。

粉唇

一串红

粉唇

红花鼠尾草

一串紫

11 羽叶薰衣草 *Lavandula pinnata*

别名：薰衣草

科属：唇形科，薰衣草属

类别：半灌木或矮灌木作一二年生栽培

原产与分布：原产加那利群岛，现世界各地广泛栽培。

性状特征：株高30～50cm，具芳香，多分枝。叶对生，二回羽状深裂，小叶线形或披针形，灰绿色。轮伞花序顶生组成穗状花序，花莛细长，唇形花冠，深紫色管状小花。花期6—8月。

生态习性：喜光，耐高温，较耐寒；喜排水良好，带石灰质、微碱性的砂质土壤。

相似植物：法国薰衣草（*L.stoechas*），叶互生，灰绿色或灰白色，椭圆形披尖叶，或叶面较大的针形，叶缘反卷。轮伞花序顶生呈穗状；花长1.2cm，有蓝紫、深紫、粉红、白等色。

薰衣草（*L.angustifolia*），叶线形或披针状线形，被白色星状绒毛。轮伞花序在枝顶聚集呈穗状，长3（5）cm。

花境应用：薰衣草类植物香气袭人，是常用的香草花园植物，可用于春季花境，作花境的前景或中景材料。

羽叶薰衣草

法国薰衣草

12 假龙头花 *Physostegia virginiana*

别名：随意草、芝麻花

科属：唇形科，假龙头花属

类别：多年生作一年生栽培

原产与分布：原产北美，现广为栽培。

性状特征：株高60～120cm。茎直立，丛生，四棱形。叶交互对生，披针形，亮绿色，边缘有锯齿。穗状花序顶生，花萼筒状钟形，花序自下而上逐渐绽放，排列紧密；花色有淡紫、淡红、紫红等；另有斑叶变种。花期7—9月。

生态习性：喜光，耐半阴；喜温暖环境；耐热，耐寒；以肥沃疏松、排水良好的砂质土壤为佳；适应性强，病虫害少。

花境应用：株型挺拔，叶秀花艳，造型别致，可用于夏秋花境，作花境的中景材料。

假龙头花

花叶假龙头花

假龙头花

假龙头花

13 金鱼草 *Antirrhinum majus*

别名：龙口花、龙草花

科属：玄参科，金鱼草属

类别：多年生作二年生栽培

原产与分布：原产欧洲南部及地中海区域。

金鱼草

性状特征：株高30～100cm。茎直立。叶披针形或矩圆状披针形，全缘、光滑，深绿色，长7cm；茎下部叶对生，上部叶互生。总状花序顶生，长达25cm以上；花冠大，唇形，基部膨大呈囊状，外披茸毛；花色有白、黄、红、紫等色。花期5—6月（秋播花一般5—6月开，亦可春播9—10月开，以秋播生长良好）。

生态习性：喜光，耐半阴；较耐寒，不耐酷暑；喜肥沃疏松、排水良好的土壤，在石灰质土壤中也能正常生长。及时剪除开败的花朵，并加强水肥管理，越夏后秋季又可开花。

花境应用：金鱼草花色繁多，观赏周期长。可用于春季或秋季花境，作花境的前景或中景材料。

金鱼草

金鱼草

金鱼草

14 毛地黄 *Digitalis purpurea*

别名：德国金钟、洋地黄

科属：玄参科，毛地黄属

类别：多年生作一二年生栽培

原产与分布：原产欧洲，现中国各地均有栽培。

性状特征：株高60～120cm，除花冠外，全株被毛。茎单生或数条丛生。叶互生，基生叶多数呈莲座状，卵形或长椭圆形，边缘有圆锯齿，叶形向上渐小。顶生总状花序，长30～60cm，花偏向一侧，倒垂；花冠钟状；花色丰富，有紫红、淡粉、浅黄、粉紫等，内面具白色或深红色斑点。花期5—7月。

生态习性：喜光，亦耐阴；较耐寒，亦较耐旱，忌炎热；耐瘠薄，喜湿润且排水良好的土壤。

花境应用：花朵奇特，犹如一串串的风铃挺立于花丛中。可用于春季花境，作花境的中景材料。

毛地黄

毛地黄

毛地黄

毛地黄

毛地黄

毛地黄

15 堆心菊 *Helenium autumnale*

别名：翼锦鸡菊

科属：菊科，堆心菊属

类别：多年生作一年生栽培

原产与分布：原产北美，适宜于中国长江流域附近及以北地区栽培。

性状特征：株高60～180cm。茎翅状直立，具分枝。叶互生，阔披针形，叶基下延，多有锯齿。头状花序单生茎顶或伞房状着生，花序直径3～5cm；缘花舌状，黄色，花瓣阔，先端有缺刻；盘花管状，密集成半球状，有黄、紫红等。花期7—10月。

生态习性：喜光；喜温暖环境，耐寒；耐旱；对土壤要求不严，以深厚肥沃土壤为宜。

花境应用：花枝繁密，颜色艳丽，花期长，可用于夏秋花境，作花境的中景或背景材料。

堆心菊

16 硫华菊 *Cosmos sulphureus*

别名：黄秋英、黄波斯菊

科属：菊科，秋英属

类别：一年生花卉

原产与分布：原产墨西哥，适宜于中国长江流域附近及以北地区栽培。

性状特征：株高60～100cm。茎直立，多分枝，被柔毛。叶对生，二至三回羽状深裂，裂片呈披针形，有短尖，叶缘粗糙。头状花序生枝顶，缘花舌状，顶端有3浅裂，颜色多变，由纯黄、金黄至橙黄连续变化；盘花为黄色至褐红色，有单瓣和重瓣。春播花期6—8月，夏播花期9—10月。

硫华菊

生态习性：喜光，不耐阴；不耐寒，忌酷热；耐干旱瘠薄，喜排水良好的砂质土壤。不易受病虫侵害。生长期每半个月施肥1次，但不宜过量，否则枝叶徒长，影响开花。忌大风，宜种于背风处。

相似植物：波斯菊（*C.bipinnata*），又叫秋英、大波斯菊。株高1～2m。头状花序单生，舌状花紫红色、粉红色或白色；管状花黄色。

花境应用：开花繁多，花期长，开花时花姿轻盈，迎风摇曳，十分美观，可用于夏秋花境，作花境的中景材料。

硫华菊

波斯菊

波斯菊

波斯菊

17 矢车菊 *Centaurea cyanus*

别名：蓝芙蓉

科属：菊科，矢车菊属

类别：二年生花卉

原产与分布：原产欧洲东南部，现中国各地多有栽培。

矢车菊

矢车菊

矢车菊

性状特征：株高20～70cm。茎直立，上部多分枝，幼时被薄蛛丝状灰白色绵毛。基生叶长椭圆状披针形，全缘或羽裂；茎生叶线形，全缘或有锯齿。头状花序顶生，有长梗；缘花近舌状，多裂，偏漏斗形，有紫、蓝、淡红或白等色；盘花管状，细小，多为蓝或红色。花期4—5月。

生态习性：喜光，不耐阴；较耐寒，喜冷凉，忌炎热；喜肥沃、疏松和排水良好的砂质土壤；适应性较强。矢车菊茎干细弱，容易倒伏，因此定植距离不宜过密，要防止生长过密、通风不良而引起倒伏。

花境应用：花形优美，花色丰富，可用于春季花境，作花境的前景或中景材料。

矢车菊

18 白晶菊 *Mauranthemum paludosum*

别名：小白菊

科属：菊科，白舌菊属

类别：多年生作二年生栽培

原产与分布：原产欧洲，现中国各地广为栽培。

性状特征：株高15～25cm。叶互生，一至二回羽状浅裂或深裂。头状花序顶生，花序直径3～4cm；缘花舌状，白色；盘花管状，金黄色。花期5—7月。

生态习性：喜光；喜凉爽环境，耐寒性强，能耐-5℃低温，不耐高温；喜湿润环境，但忌长期过湿；对土壤要求不严，喜肥沃、疏松、湿润壤土或砂质土壤。

南非万寿菊

白晶菊

黄晶菊

白晶菊造景

南非万寿菊

南非万寿菊

相似植物：黄晶菊（*Chrysanthemum multicaule*），二年生草本，株高20～30cm，茎具半匍匐性。叶互生，肉质，叶形长条匙状，羽状裂或者深裂。头状花序顶生、盘状，花色金黄，边缘为扁平舌状花，中央为筒状花。花期冬末至初夏。

南非万寿菊（*Osteospermum ecklonis*），多年生草本，原产南非，近年来从国外引进，作一二年生草花栽培。株高20～50cm。茎绿色。头状花序，花单瓣，花序直径5～6cm。常见的为艾美佳系列，有白色、白花紫眼、渐变紫色、菊白、紫色、混色、大峡谷混色七个品种。

花境应用：植株低矮，花色丰富，开花时花繁色艳，可用于春季花境，作花境的前景材料。

南非万寿菊

19 千瓣葵 *Helianthus decapetalus*

别名：矮生葵花　　**类别**：一年生花卉

科属：菊科，向日葵属　　**原产与分布**：原产北美，现广为栽培。

性状特征：株高40～130cm。茎直立，光滑无毛，上部有分枝，分枝被柔毛。上部叶互生，下部叶对生；叶片卵形至卵状披针形，先端渐尖，基部下延成有翅的叶柄，叶脉基三出。头状花单生茎顶，直径5～7cm，花重瓣，中央管状花并为舌状，全为金黄色。花期7—9月。

千瓣葵

生态习性：喜光；不耐寒，耐旱；对土壤要求不严，喜肥沃、疏松的砂质土壤。

花境应用：花朵金黄色，耀眼夺目，植株相对矮小，可用于夏季花境，作花境的中景及背景材料。

20 观赏向日葵 *Helianthus annuus*

别名：美丽向日葵

科属：菊科，向日葵属

类别：一年生花卉

原产与分布：原产北美，现各地均有栽培。

观赏向日葵

性状特征：株高0.3～2.5m。茎叶极像向日葵，阔卵形至心形，具锯齿，中绿至深绿色，分枝多。头状花序，直径10～35cm；花色丰富，依品种不同，舌状花有黄、橙、乳白、红褐等色，管状花有黄、橙、褐、绿和黑等色；瓣型有单瓣和重瓣。花期7—9月。

观赏向日葵

观赏向日葵

生态习性：喜温暖、阳光充足、稍干燥的环境，不耐阴，忌高温多湿；对土壤要求不严。

花境应用：品种较多，如‘大笑’‘太阳斑’‘玩具熊’‘音乐盒’等，均相对低矮，可用于夏季花境，作花境的前景及中景材料。

观赏向日葵

21 黑心金光菊 *Rudbeckia hirta*

别名：黑心菊　　**类别**：一年生花卉

科属：菊科，金光菊属　　**原产与分布**：原产美国东部地区。

性状特征：株高60～100cm。茎不分枝或上部分枝，全株被粗刺毛。下部叶长卵圆形，基部楔形下延，有三出脉，有细锯齿，有具翅的柄；上部叶长圆披针形，顶端渐尖，有细至粗疏锯齿或全缘。头状花序，直径5～7cm；缘花舌状，金黄色；盘花管状，深紫褐色，半球形隆起。花期5—9月。

生态习性：喜光，亦耐半阴；较耐寒，耐旱，忌水湿；对土壤要求不严，但以在疏松、肥沃的土壤上生长较好。生长适应性强，可粗放管理，春季防治蚜虫。

花境应用：花形优美，明艳的鲜黄色在阳光照耀下格外亮眼，可用于夏秋花境，作花境的中景材料。

黑心金光菊

黑心金光菊

二、多年生花卉

1 渐尖毛蕨 *Cyclosorus acuminatus*

别名：尖羽毛蕨、小毛蕨、毛蕨

科属：金星蕨科，毛蕨属

类别：多年生常绿花卉

原产与分布：分布于中国长江以南各地，东至台湾，北至山西，西达秦岭南部。

性状特征：株高70～80cm。根状茎长而横走，先端密被棕色披针形鳞片。叶二列远生；叶柄长30～42cm，褐色；叶片长40～45cm，中部宽14～17cm，长圆状披针形，先端尾状渐尖并羽裂，基部不变狭，二回羽裂；叶坚纸质，干后灰绿色，羽轴下面疏被针状毛，羽片上面被极短糙毛。孢子囊群生于侧脉中部以上，每裂片5～8对；孢子期6—12月。

生态习性：喜温暖湿润环境，不耐旱；喜疏松、肥沃的土壤。

花境应用：四季常绿，可用作林缘花境材料。

渐尖毛蕨背面

渐尖毛蕨

渐尖毛蕨正面

2 狗脊 *Woodwardia japonica*

别名：狗脊蕨、狗脊贯众

科属：乌毛蕨科，狗脊属

类别：多年生常绿花卉

原产与分布：广泛分布于中国长江以南各地，向西南可到云南。

性状特征：株高60～90cm。根状茎粗壮，横卧，暗褐色。叶近生，长卵形，长25～80cm，下部宽18～40cm，先端渐尖，二回羽裂；叶近革质，干后棕色或棕绿色，两面无毛或下面疏被短柔毛；叶脉明显，羽轴及主脉均为浅棕色。孢子囊群线形，挺直，质厚，棕褐色。

狗脊

生态习性：喜温暖、潮湿、荫蔽的环境，忌直射光照射；对土壤要求不严，但在肥沃、排水良好的酸性土壤中生长良好。

相似植物：富贵蕨（*Blechnum orientale*），别名巴西乌毛蕨、龙船蕨、赤头蕨，乌毛蕨科乌毛蕨属植物。株高60～150cm。叶簇生，叶柄长20～50cm，棕禾秆色，坚硬，上面有纵沟；叶片长圆状披针形，一回羽状，互生，斜向上，无柄，线形，全缘或呈微波状；叶近革质，两面无毛。孢子囊群线形，着生于中脉两侧，连续而不中断。

花境应用：四季常绿，可用作林缘花境材料。

富贵蕨

3 贯众 *Cyrtomium fortunei*

别名：小羽贯众

科属：鳞毛蕨科，贯众属

类别：多年生花卉

原产与分布：分布于华北西南部、陕甘南部、东南沿海以及华中、华南至西南东部区域。

性状特征：株高25～50cm。根茎直立，密被棕色鳞片。叶簇生；叶柄长12～26cm，禾秆色，腹面有浅纵沟；叶片矩圆披针形，长20～42cm，宽8～14cm，奇数一回羽状；侧生羽片7～16对，互生，近平伸，柄极短，披针形，多少上弯成镰状；叶纸质，两面光滑；叶轴腹面有浅纵沟，疏生披针形及线形棕色鳞片。孢子囊群遍布羽片背面；囊群盖圆形，盾状，全缘。

贯众

生态习性： 喜阴湿、荫蔽的环境。

花境应用： 四季常绿，可用作林缘花境材料。

贯众

4 肾蕨 *Nephrolepis auriculata*

别名： 圆羊齿、篦子草

科属： 肾蕨科，肾蕨属

类别： 多年生常绿花卉

原产与分布： 原产热带和亚热带地区，中国华南各地山地林区多有分布，宁波象山和宁海海边偶见野生。

肾蕨

肾蕨

肾蕨

肾蕨

性状特征： 根状茎直立，被蓬松的淡棕色长钻形鳞片，下部有细铁丝状的匍匐茎向四周横展；匍匐茎棕褐色，常具圆球形的地下块茎，直径1～1.5cm。叶簇生，暗褐色；叶片线状披针形或狭披针形，先端短尖，长30～70cm，宽3～5cm，一回羽状，羽状多数；叶坚草质或草质，干后棕绿色或棕褐色，光滑。孢子囊群排成一行位于主脉两侧，肾形，少有为圆肾形或近圆形。

生态习性： 喜半阴，忌强光直射；喜温暖潮湿环境，不耐寒；较耐旱；耐瘠薄，对土壤要求不严；自然萌发力强。

花境应用： 可用作林缘花境材料。

5 圆盖阴石蕨 *Humata tyermanni*

别名：毛石蚕、岩蚕　　类别：多年生常绿花卉

科属：骨碎补科，阴石蕨属　　原产与分布：分布于华东、华南及西南地区。

性状特征： 株高20cm。根状茎长而横走，密被灰白色鳞片。叶远生，叶片长三角状卵形，先端渐尖，基部心脏形，三至四回羽状深裂；叶脉上面隆起，下面隐约可见；叶革质，干后棕色或棕黄色，两面光滑。孢子囊群生于小脉顶端；囊群盖近圆形，全缘，浅棕色，仅基部一点附着，余均分离。

生态习性： 野外多生长在岩石或树干上，未见生长在土中。喜阴，忌强光直射；喜温暖湿润的环境，不耐寒，耐旱；喜疏松肥沃、排水良好的中性或微酸性砂质壤土。

花境应用： 四季常绿，可用作疏林下花境，或布置于岩石花境背阴处。

圆盖阴石蕨

6 须苞石竹 *Dianthus barbatus*

别名：美国石竹、五彩石竹　　类别：多年生花卉

科属：石竹科，石竹属　　原产与分布：原产欧洲，现中国多地有栽培。

性状特征： 株高30～60cm。茎直立，有棱。叶片披针形，宽不及1cm，全缘，基部渐狭，合生成鞘。花多数，集成头状；花梗极短；苞片4，与花萼等长或稍长；花萼筒状，裂齿锐尖；花瓣具长爪，通常红紫色，有白点斑纹。蒴果卵状长圆形。花果期5—10月。

生态习性： 喜光，喜通风及凉爽湿润环境；耐寒，不耐酷暑；耐干旱，忌水涝；喜肥沃、疏松、排水良好及含石灰质的壤土或砂质壤土。

相似植物： 石竹（*D.chinensis*），花瓣具毛，先端浅裂呈牙齿状；苞片4～6，先端长尖，长为萼筒的1/2。

常夏石竹（*D.plumarius*），即羽裂石竹，常绿，植物体具白粉。茎蔓状簇生，上部分枝，越年呈木质状，光滑。叶厚，灰绿色。花2～3朵顶生，花色有粉红、紫、白色，常具紫黑色心，有香气。

剪夏罗（*Lychnis coronata*），全株光滑无毛。花瓣5，橙红色，先端具不规则浅裂，下部狭窄成爪。

花境应用： 花朵繁茂，花色丰富，观赏期长，从暮春到仲秋均能观赏，可用于夏秋花境，作花境的中景及前景材料。

须苞石竹
须苞石竹
须苞石竹
须苞石竹
须苞石竹
须苞石竹

石竹　石竹

常夏石竹　常夏石竹

剪夏罗　剪夏罗

7 瞿麦 *Dianthus superbus*

科属：石竹科，石竹属

类别：多年生花卉

原产与分布：分布于中国山东、江苏、浙江、江西、河南、湖北、四川、贵州、新疆等地。北欧、中欧、西伯利亚以及哈萨克斯坦、蒙古（西部和北部）、朝鲜、日本也有分布。

性状特征：株高50～60cm，有时更高。茎丛生，直立，无毛，上部分枝。叶条形至条状披针形，顶端渐尖，基部成短鞘围抱节上，全缘。花单生或成对生于枝端，或数朵集生成稀疏叉状分歧的圆锥状聚伞花序；萼筒长2.5～3.5cm，粉绿色或常带淡紫红色晕，花萼下有宽卵形苞片4～6个；花瓣5，粉紫色，顶端深裂成细线条，基部成爪，有须毛；雄蕊10；花柱2，丝形。蒴果长筒形，和宿存萼等长，顶端4齿裂。种子扁卵圆形，边缘有宽于种子的翅。花期6—9月，果期8—10月。

生态习性：喜光；耐旱，耐瘠薄；适应性较强。

花境应用：花色艳丽，株型高挑丰满，可用于夏季花境，作花境的中景或背景材料。

瞿麦

瞿麦

8 仙人掌 *Opuntia stricta*

别名： 缩刺仙人掌、霸王树

科属： 仙人掌科，仙人掌属

类别： 多年生常绿灌状肉质花卉

原产与分布： 分布于墨西哥东海岸、美国南部及东南部沿海地区、西印度群岛、百慕大群岛和南美洲北部，现中国各地均有栽培。

性状特征： 株高1.5～3m。分枝狭椭圆形、狭倒卵形或倒卵形，边缘通常呈不规则波状，基部楔形或渐狭，绿色至蓝绿色，无毛；小窠疏生，密生短绵毛和倒刺刚毛，刺不发育或单生于分枝边缘的小窠上。叶早落。花绿色，直径5～6.5cm；萼状花被片宽倒卵形至狭倒卵形，先端具小尖头；瓣状花被片倒卵形或匙状倒卵形，边缘全缘或浅啮蚀状。花期6—10月。

生态习性： 喜强光；耐寒，耐炎热；耐旱；耐瘠薄；适应性强。

花境应用： 常年绿色，观赏性强，可用于岩石花境中。

仙人掌

仙人掌

9 铁筷子 *Helleborus thibetanus*

别名： 黑毛七、九百棒、见春花、九龙丹、九朵云、小桃儿七

科属： 毛茛科，铁筷子属

类别： 多年生常绿花卉

原产与分布： 原产四川、甘肃、陕西等地，现国内多地引种栽培。

性状特征： 株高30～50cm。茎基部有2～3枚鞘状叶。基生叶1（～2）枚，具长柄，长20～24cm，叶鸡足状三全裂；茎生叶近无柄，较基生叶小。花着生于茎顶或枝端，萼片初粉红，果期变绿；花瓣8～10，淡黄绿色，圆筒状漏斗形，具短柄。花期4月。

生态习性： 喜半阴潮湿环境，全光照下提早开花；耐寒；耐瘠薄，喜肥沃土壤。

花境应用： 植株低矮，叶色墨绿，花及叶均奇特，可用于春季花境，作花境的前景及中景材料，或种植于林缘花境中。

铁筷子
铁筷子
铁筷子
铁筷子
铁筷子

10 八宝景天 *Hylotelephium spectabile*

别名： 八宝、长药景天、蝎子草

科属： 景天科，八宝属

类别： 多年生常绿肉质花卉

原产与分布： 分布于中国黑龙江、吉林、辽宁、内蒙古、河北、山西、陕西南部、河南北部、山东及安徽北部，生长在低山多石山坡。朝鲜也有分布。

性状特征： 株高30～70cm，全株略被白粉，呈灰绿色。茎粗壮而直立，圆柱形，基部木质化。叶对生，稀互生或3～5枚轮生，长圆形至卵状长圆形，肉质扁平，无柄，上缘具波状齿。伞房状聚伞花序顶生，密集如平头状，花序直径10～13cm，花白色或粉红色。花期8—10月。

生态习性： 喜光，喜通风良好的环境，耐半阴；耐寒；耐旱，忌积水；对土壤要求不严，较耐盐碱。

相似植物： 费菜（*Sedum aizoon*），又叫三七景天。株高20～50cm。茎直立，不分枝。叶对生，倒卵状披针形，边缘有不整齐锯齿。

花境应用： 品种多，四季常绿，既可观叶，也可观花，可用于多种类型的花境，作花境的前景或中景材料。

八宝景天

八宝景天

八宝景天

'乔伊斯·哈德森'八宝景天

'秋之喜悦'八宝景天

八宝景天

八宝景天

费菜

费菜

11 凹叶景天 *Sedum emarginatum*

别名：石板菜、九月寒

科属：景天科，景天属

类别：多年生常绿肉质花卉

原产与分布：分布于云南、四川、湖北、湖南、江西、安徽、浙江、江苏、甘肃、陕西等地，宁波本地也有野生分布。适宜于长江流域及以北地区栽培。

性状特征：株高10～15cm。茎细弱，斜生呈匍匐状。叶对生，匙状倒卵形，先端凹陷，枝叶密集如地毯，越冬时部分叶片紫红色。聚伞花序顶生，花瓣5，黄色。花期5—6月，果期6月。

生态习性：喜光，亦耐阴；喜凉爽的环境，耐寒；耐湿，亦耐旱；对土壤要求不严，以排水良好的砂质壤土为佳；不耐践踏，宜布置在隔离环境中。

凹叶景天

相似植物：圆叶景天（*S.makinoi*），株高15～25cm。叶对生，圆扇形至圆形，边缘略微波状，绿色带红色，其中老叶呈暗紫色。

东南景天（*S.alfredii*），又叫变叶景天、石板菜。茎基部横卧，着地生根；不育茎高3～5cm，花茎高10～20cm，有分枝，常带暗红色。下部叶常脱落，上部叶常聚生，条状楔形、匙形至匙状倒卵形，长1～3cm，宽2～8mm，顶端钝，有时微缺，基部狭楔形，无柄，有短距；新叶红色，随着时间的推移逐渐变成绿色。蝎尾状聚伞花序，花多，黄色。花期4—5月。

反曲景天（*S.reflexum*），株高15～25cm。叶带有白色蜡粉，灰绿色，叶片尖端弯曲，在小枝上的排列似云杉。花枝较长且很坚硬，花亮黄色。花期6—7月。

松塔景天（*S.lydium*），又名松叶景天。株高10cm左右，早期直立，后倒卧地面。叶三出轮生，排列紧密，顶部呈密集的开裂松果状，叶长0.3～0.5cm，叶色蓝绿，老茎由绿变为浅暗红色。花白色，5裂。花期5月。

胭脂红景天（*S.spurium* ‘Coccineum’），植株低矮，株高10cm左右。茎匍匐，光滑。叶对生，卵形至楔形，叶缘上部锯齿状，叶片深绿色后变胭脂红色，冬季为紫红色。花深粉色。花期6—9月。

花境应用：植株低矮，叶片集中，主观叶，亦可观花，可用于多种类型的花境，作花境的前景材料。

圆叶景天

东南景天

反曲景天

胭脂红景天

松塔景天

12 垂盆草 *Sedum sarmentosum*

别名：狗牙草、豆瓣菜、水马齿苋

科属：景天科，景天属

类别：多年生常绿肉质花卉

原产与分布：原产福建、贵州、四川、湖北、湖南、江西、安徽、浙江、江苏、甘肃、陕西、河南、山东、山西、河北、辽宁、吉林及北京等地，现广泛栽培以供观赏。

性状特征：株高9～18cm。茎平卧或上部直立，匍匐状延伸，节上生不定根。叶3枚轮生，倒披针形至长圆形，全缘，无柄，基部有下延的距，长15～25mm。聚伞花序顶生，花稀疏，无花梗，花瓣5，鲜黄色。花期5—6月。

生态习性：喜光，稍耐阴；喜温暖湿润环境，耐寒，耐高温；耐旱；耐瘠薄，对土壤要求不严，以湿润、肥沃的砂质土为佳。

相似植物：佛甲草（*S. lineare*），高10～20cm。茎直立，后下垂，呈丛生状。叶线状披针形，无柄。聚伞花序顶生，花小，黄色。

黄金佛甲草（*S. lineare* 'Yellow-leaf'），叶片金黄色。

花境应用：垂盆草有弱柳扶风的身姿，既可观形态又可观叶观花。可用于多种花境，作花境前景材料展现其匍匐状，或呈披挂状用于岩石花境中。

垂盆草

垂盆草

佛甲草

佛甲草

垂盆草

佛甲草

黄金佛甲草

黄金佛甲草

13 矾根 *Heuchera micrantha*

别名：肾形草

科属：虎耳草科，矾根属

类别：多年生常绿花卉（温暖地区常绿）

原产与分布：原产北美，中国有引种栽培。

'黄栀子'矾根

'皇家布朗李'矾根

性状特征：株高30～60cm。全株密生细毛，丛生，浅根性。叶基生，心形或掌状，边缘平滑或有锯齿，长20～25cm，叶色丰富，有黄色、绿色、深紫色等，叶片无条纹或条纹较细。花小，钟状，直径0.6～1.2cm，花色多为红色、黄色，两侧对称，观赏部位为萼片，雄蕊5枚。花期4—10月。

生态习性：喜半阴，耐全光，耐寒；喜富含腐殖质、排水良好的土壤。

相似植物：黄水枝（*Tiarella polyphylla*），株高22～44cm，丛生或蔓生。叶片心形或掌状深裂，多为绿色，叶脉多有较粗的棕色条纹。花白色或粉色，花量大。观赏部位为花瓣和雄蕊，雄蕊10枚。花果期4—11月。

花境应用：品种丰富，叶形、叶色、花色多样，既可观叶又可观花，可用于林缘花境，作花境的中景及前景材料。

'花毯'矾根

矾根

'提拉米苏'矾根

矾根

'平静绿洲'矾根

'饴糖'矾根

黄水枝

黄水枝

'酒红'矾根

14 虎耳草 *Saxifraga stolonifera*

别名：金丝荷叶、吊金钱、金线吊芙蓉

科属：虎耳草科，虎耳草属

类别：多年生常绿花卉

原产与分布：广泛分布于中国台湾及华南、西南至陕西和河南的西南部，朝鲜、日本也有分布。

性状特征：株高14～45cm。有细长的匍匐茎，紫红色。叶基部丛生，具长柄，肉质，肾形，叶缘不明显地浅裂，两面有长伏毛，下面常红紫色或有斑点。圆锥花序稀疏，花瓣5，白色。花果期5—11月。

生态习性：喜半阴，忌强光直射；喜凉爽湿润的环境，较耐寒，不耐高温；耐阴湿，不耐旱；对土壤要求不严，以疏松、排水良好的土壤为佳。

花境应用：叶形、叶色独特，可用于林缘花境，作花境的前景材料，或种于岩石花境的背阴处。

虎耳草

虎耳草

虎耳草

15 落新妇 *Astilbe chinensis*

别名：马尾参、小升麻、红升麻、术活、山花七

科属：虎耳草科，落新妇属

类别：多年生花卉

原产与分布：分布于中国东北、华北、西北、西南地区，朝鲜、日本、俄罗斯也有分布。

性状特征：株高0.5～1m。茎直立，圆柱形。基生叶二至三回三出羽状复叶；顶生小叶片菱状椭圆形，侧生小叶片卵形至椭圆形，长1.8～8cm，宽1.1～4cm，先端短渐尖至急尖，边缘有重锯齿，基部楔形、浅心形至圆形，腹面沿脉生硬毛，背面沿脉疏生硬毛和小腺毛；叶轴仅于叶腋部具褐色柔毛；茎生叶2～3，较小。圆锥花序顶生，长8～37cm，宽3～4（～12）cm；花序下部第一回分枝长4～11.5cm，通常与花序轴呈15～30度角斜上；花序轴密被褐色卷曲长柔毛；苞片卵形，几无花梗；花密集；萼片5，卵形，长1～1.5mm，宽约0.7mm，两面无毛，边缘中部以上生微腺毛；花瓣5，淡紫色至紫红色，线形，长4.5～5mm，宽0.5～1mm，单脉。花果期7—9月。

生态习性：喜半阴，在温暖湿润的环境下生长良好，忌酷热；在冬季温度低于4℃以下时进入休眠或地上部分枯萎。性强健，对土壤适应性较强，喜微酸性、中性、排水良好的砂质壤土，也耐轻碱性土壤。

花境应用：小花茂密的圆锥花序如梦似幻，品种多，花色丰富，有纯洁的白色、温柔的粉色、热烈的红色等，可单色种植，亦可混合搭配。可用于夏季花境，作疏林下、林缘、墙垣半阴处花境的中景材料。

落新妇

落新妇

落新妇

16 红尾铁苋 *Acalypha reptans*

别名： 猫尾红、岁岁红、红毛苋

科属： 大戟科，铁苋菜属

类别： 多年生常绿蔓性花卉（宁波地区冬季地上部分枯萎）

原产与分布： 原产新几内亚，现世界各地广泛栽培。

性状特征： 株高15～25cm。成株枝条呈半蔓性，能匍匐地面生长。叶互生，卵形，先端尖，缘具细齿，两面被毛。短穗状花序顶生，鲜红色。花期4—10月。

生态习性： 喜光，忌暴晒；喜温暖湿润的环境，不耐寒，不耐旱；喜欢疏松透气、含腐殖质丰富的土壤。

花境应用： 花序短穗状，具绒毛质感，形似猫尾，鲜红色，色泽艳丽，十分喜庆，且花期长，春至秋季开花，可用于春、夏、初秋花境，作花境的前景或镶边材料。

红尾铁苋

红尾铁苋

17 蜀葵 *Althaea rosea*

别名： 一丈红、戎葵、吴葵、胡葵、蜀季花

科属： 锦葵科，蜀葵属

类别： 多年生花卉

原产与分布： 原产中国西南地区，现全国各地广泛栽培。

性状特征： 株高1.5～2.5m。茎直立不分枝，枝密被刺毛。叶互生，近圆形，叶基心形，直径6～16cm，掌状5～7浅裂或波状棱角；叶柄长5～15cm；托叶卵形，先端具3尖。花单生或近簇生于叶腋，或排列成总状花序；花大，直径6～10cm，有红、紫、白、粉红、黄和黑紫等色；单瓣种花瓣5枚，重瓣种除外轮花瓣为平瓣，内部有很多皱瓣。花期5—9月。

生态习性： 喜光，耐半阴；较耐寒；耐旱，忌涝；喜肥沃疏松、排水良好的砂质壤土，耐盐碱能力强。

蜀葵

蜀葵
蜀葵
蜀葵

花境应用：植株高大，花色艳丽、丰富，花期长，可用于夏季花境，作花境的背景材料。

18 锦葵 *Malva cathayensis*

别名：荆锦、钱葵、小钱葵

科属：锦葵科，锦葵属

类别：多年生花卉

原产与分布：中国南北各城市常见的栽培植物，南起两广，北至内蒙古、辽宁，东起台湾，西至新疆和西南各地均有分布。印度也有分布。

性状特征：株高50～90cm。茎直立，多分枝，被粗毛。叶互生，圆心形或肾形，具5～7圆齿状钝裂片；叶柄上面槽内被长硬毛；托叶偏斜，卵形，具锯齿，先端渐尖。花3～11朵簇生，紫红色或白色，花瓣5，匙形，长2cm，先端微缺，爪具髯毛。果扁圆形。花期5—10月。

生态习性：喜光，耐寒，耐旱；对土壤要求不严，以砂质壤土为佳。

花境应用：植株挺立，花繁叶茂，花期长，可用于夏秋花境，作花境的背景材料。

锦葵

19 红秋葵 *Hibiscus coccineus*

别名：槭葵

科属：锦葵科，木槿属

类别：多年生花卉

原产与分布：原产美国东南部，现中国北京、上海、南京等市庭园偶有引种栽培。

性状特征：株高1～3m。茎直立，带白霜。叶掌状5裂，裂成指状，裂片狭披针形。花单生于枝端叶腋间；花瓣5，玫瑰红至洋红色，倒卵形，长7～8cm。花期8月。

生态习性：喜光；耐热，不耐寒；耐水湿；喜肥沃、疏松、湿润的土壤。

花境应用：植株高大，花色艳丽，花朵直径有15cm左右。可用于夏季花境，作花境的背景材料。

红秋葵

红秋葵

红秋葵

红秋葵

20 大花秋葵 *Hibiscus moscheutos*

别名：芙蓉葵

科属：锦葵科，木槿属

类别：多年生花卉

原产与分布：原产北美，现中国引种栽培。

大花秋葵

性状特征：株高1～2.5m。茎被星状短柔毛或近于无毛。叶大，卵形至卵状披针形，有时具2小侧裂片，叶柄、叶背密生灰色星状毛。花大，单生于叶腋，有白、粉、红等色，内面基部深红色。蒴果圆锥状卵形。花期7—9月。

生态习性：喜光，略耐阴，喜温暖湿润的环境，忌干旱，耐水湿；对土壤要求不严，以肥沃、湿润的砂质壤土为佳。花谢后应立即摘除开败的花枝，利于新花枝的发育与开花，延长观赏花期。

花境应用：花朵硕大，直径可达20cm，花色鲜艳美丽，花期长。可用于夏季花境，作花境的背景材料。

大花秋葵

大花秋葵

21 细叶萼距花 *Cuphea hyssopifolia*

别名：满天星、细叶雪茄花

科属：千屈菜科，萼距花属

类别：原产地为常绿小灌木，在宁波地区冬季其地上部分枯萎，作多年生栽培

原产与分布：原产墨西哥和中南美洲，现中国各地均有栽培。

性状特征：株高45～60cm。茎直立，分枝多而细密。叶对生，线状披针形，中脉在叶背突出。花单生叶腋，花萼延伸为花冠状，高脚碟状，具5齿，齿间具退化的花瓣，花紫色、淡紫色、白色。花期7—10月。

生态习性：喜光，亦耐半阴；喜暖热环境，耐热，不耐寒；耐水湿；对土壤适应性强，以砂质壤土为佳。

花境应用：盛花时状似繁星，花期长，可用于夏秋花境，作花境的前景材料。

细叶萼距花

细叶萼距花

细叶萼距花

22 千屈菜 *Lythrum salicaria*

别名：水柳

科属：千屈菜科，千屈菜属

类别：多年生花卉

原产与分布：原产欧亚温带地区，现中国各地均有栽培。

性状特征：株高可达1m左右。茎直立，全株青绿色，通常具4棱。叶对生或三叶轮生，披针形或阔披针形，顶端钝形或短尖，基部圆形或心形，有时略抱茎，全缘，无柄。花组成小聚伞花序，簇生，因花梗及总梗极短，因此花枝全形似一大型穗状花序；花瓣6，红紫色或淡紫色，着生于萼筒上部，有短爪，稍皱缩。蒴果扁圆形。花期7—9月。

生态习性：喜光；喜温暖及通风良好的环境，较耐寒；在浅水中栽培长势最好，亦可旱地栽培；对土壤要求不严，在土质肥沃的塘泥中长势旺盛。

花境应用：可用于夏秋花境，作湿地、岸边花境的背景材料。

'旋涡'千屈菜

'旋涡'千屈菜

千屈菜

'落紫'千屈菜

23 美丽月见草 *Oenothera speciosa*

别名：粉晚樱草、粉花月见草

科属：柳叶菜科，月见草属

类别：多年生花卉

原产与分布：原产美国得克萨斯州南部至墨西哥，适宜于中国长江流域地区栽培。

性状特征：株高30～55cm。茎丛生，多分枝，被曲柔毛。基生叶紧贴地面，倒披针形，开花时基生叶枯萎。花瓣粉红至紫红色，宽倒卵形，花朵如杯盏状。花期4—11月。

生态习性：喜光；耐寒；耐旱，不耐水湿；喜排水良好的砂质壤土。

相似植物：月见草（*O. biennis*），直立二年生粗壮草本，株高60～100cm。植株高大，生长健壮。花黄色，稀淡黄色。花期每一花枝上常可陆续开花达20朵。黄昏时开放，具芳香。花期6—9月。

花境应用：丛生状种植，可营造出别样的自然园林风情，可作夏秋花境的前景及中景材料。

美丽月见草

月见草

美丽月见草

美丽月见草

月见草

24 山桃草 *Gaura lindheimeri*

别名：千鸟花

科属：柳叶菜科，山桃草属

类别：多年生花卉

原产与分布：原产北美，中国早就引种栽培，并逸为野生。

性状特征：株高60～100cm。常丛生，茎直立，多分枝，入秋变红色。叶无柄，椭圆状披针形或倒披针形，边缘具远离的齿突或波状齿，两面被近贴生的长柔毛。花序长穗状，

‘红蝴蝶’山桃草

生茎枝顶端；花瓣白色，后变粉红色，排向一侧，倒卵形或椭圆形。花期5—8月。

生态习性： 喜光；喜凉爽、半湿润环境，耐寒；喜疏松、排水良好的砂质壤土。

相似植物： ‘红蝴蝶’山桃草（*G. lindheimeri* ‘Crimson Butterfly’），开花植株高可达40～60 cm，低温期间叶片深红色，高温季节叶片转绿色。花粉红色。花期6—9月。

紫叶山桃草（*G. lindheimeri* ‘Crimson Bunny’），叶片紫色，披针形，先端尖，边缘具波状齿。穗状花序顶生，细长而疏散。花小而多，粉红色。

花境应用： 花朵繁密，花序似千鸟。可用于春夏花境，作花境的中景或背景材料，也可配于置石旁。

山桃草

山桃草

紫叶山桃草

山桃草

25 丛生福禄考 *Phlox subulata*

别名：针叶天蓝绣球

科属：花荵科，天蓝绣球属

类别：多年生常绿花卉

原产与分布：原产美国纽约州、北卡罗来纳州、密歇根州，现世界各地均有栽培。

性状特征：株高10～15cm。老茎半木质化，匍匐丛生，密集如毯。叶钻形，簇生，革质。聚伞花序顶生，小花直径约2cm，花冠高脚碟状，花色有淡红、紫色、白色、黄色等，裂片椭圆形，顶端有深缺刻，具芳香。花期3—5月。

生态习性：喜光，稍耐阴；喜凉爽通风的环境，极耐寒，-12℃仍保常绿状态；忌高温多雨，耐旱；耐盐碱，喜排水良好的腐殖土。丛生福禄考对肥料的要求不严，但在生长周期内，应重视施入基肥，在整地时加施有机肥，每亩施入500～1000kg。生长期适当施入少量氮肥及磷肥，长叶期以氮肥为主，花期可喷施磷肥。

花境应用：色彩繁多，花量大。可用于春季花境，作花境的前景材料。

丛生福禄考

丛生福禄考

丛生福禄考

丛生福禄考

26 宿根福禄考 *Phlox paniculata*

别名：天蓝绣球、锥花福禄考

科属：花荵科，天蓝绣球属

类别：多年生常绿花卉

原产与分布：原产北美东部，现中国各地均有栽培。

‘辣椒小姐’宿根福禄考

性状特征：株高60～100cm。茎粗壮直立，少分枝。叶交互对生，上部常三叶轮生，长圆状或卵状披针形。伞房状圆锥花序顶生，花序直径约15cm，小花密集，花冠呈高脚碟状，先端5裂；花有红、蓝、紫、粉、复色等多种颜色。花期6—9月。

生态习性：喜光，但强光直射下植株生长不良，在林缘或部分庇荫条件下长势最好；喜凉爽环境，较耐寒；忌积水，喜pH6.5～8且排水良好、富含腐殖质的土壤。10月份开花完毕后，残花枯枝比较难看，可从基部剪去让其休眠。

相似植物：栽培品种较多，有‘辣椒小姐’，粉色花瓣，中间玫红；‘Brigadier’，叶深绿，花粉色带橙色；‘Bright Eyes’，花粉色并具红色花心；‘Fujiyama’，花淡紫色。

花境应用：花朵密集，花色丰富，花期长，宜布置林缘花境。适合作花境的中景材料。

宿根福禄考

宿根福禄考

宿根福禄考

27 柳叶马鞭草 *Verbena bonariensis*

别名： 长茎马鞭草

科属： 马鞭草科，马鞭草属

类别： 多年生花卉

原产与分布： 原产南美洲（巴西、阿根廷等地），现中国各地均有栽培。

性状特征： 株高可达1.5m。茎直立，细长而坚韧，全株有纤毛。叶柳叶形，十字对生，初期叶为椭圆形，边缘略有缺刻，花茎抽高后的叶转为细长形如柳叶状，边缘仍有尖缺刻；叶暗绿色，丛生于基部。聚伞花序，小筒状花着生于花茎顶部，紫红色或淡紫色。花期5—9月。

生态习性： 喜光；喜温暖环境，不耐寒；耐旱；对土壤要求不严，排水良好即可。

花境应用： 柳叶马鞭草身姿摇曳，花色娇艳，观赏期繁茂长久，花莛虽高却不倒伏，花色柔，花期长，可用于春夏花境，作花境的背景材料。

柳叶马鞭草

柳叶马鞭草

柳叶马鞭草

柳叶马鞭草

28 美女樱 *Verbena hybrida*

别名：草五色梅、铺地锦、美人樱

科属：马鞭草科，马鞭草属

类别：多年生花卉

原产与分布：原产巴西、秘鲁和乌拉圭等美洲热带地区，现中国的华东及华南地区有栽培。

性状特征：株高20～30cm。茎基部稍木质化，节部生根；枝条细长四棱，微生毛。叶对生，二至三回羽状分裂。穗状花序顶生，花色有白、红、蓝、雪青、粉红等。花期4—11月。

生态习性：喜光，耐半阴；喜温暖、湿润的环境；耐寒，能在长江流域露地越冬，亦耐酷暑；耐盐碱，生性强健，对土壤要求不严，以在疏松肥沃、较湿润的中性土壤生长尤佳。蔓性和抗杂草能力强，适应粗放养护。

相似植物：细叶美女樱（*V. tenera*），全株茎叶有细毛，具匍匐性。叶对生，羽状细裂成丝状。伞房花序顶生，花数十朵，小花浓紫色。

花境应用：姿态优美，花色丰富，色彩艳丽，花期长。可用于春夏秋三季花境，作花境的前景材料。

美女樱

美女樱

美女樱

美女樱

细叶美女樱
细叶美女樱
细叶美女樱
细叶美女樱
细叶美女樱
细叶美女樱

29 美国薄荷 *Monarda didyma*

别名：马薄荷

科属：唇形科，美国薄荷属

类别：多年生花卉

原产与分布：原产北美地区，现中国各地均有栽培。

性状特征：株高1～1.5m。茎锐四棱形，具条纹，近无毛。叶片卵状披针形，先端渐尖或长渐尖，基部圆形，边缘具不等大的锯齿，纸质，叶背有柔毛，叶揉搓后有薄荷味。轮伞花序多花，在茎顶密集成直径达6cm的头状花序；薄片与叶同形，颜色鲜艳；花萼管状细长，干时呈紫红色，外面沿肋上被短柔毛；花冠呈紫红色，长约5cm，为花萼的2.5倍。花期6—9月。

生态习性：喜光，稍耐阴，光照不足时植株徒长，茎秆变得细弱，在盛夏时需进行适当的遮阳；较抗寒，可露地越冬；忌长期积水，忌干旱；在土层深厚、湿润、富含有机质的砂质壤土中生长最好；抗性强，管理粗放。生长季节30天左右追肥一次，5—6月进行一次修剪，以调整植株高度和开花时间。

相似植物：薄荷（*Mentha haplocalyx*），叶披针形至卵状披针形，边缘基部以上有锯齿。轮伞花序腋生，花繁茂，花萼管状钟形，花冠青紫色、红色或白色。花期7—9月。

花境应用：植株繁盛，开花整齐，花色鲜丽，花期长久，枝叶芳香。可用于夏秋花境，作花境的背景材料。

美国薄荷

美国薄荷

薄荷

美国薄荷

30 多花筋骨草 *Ajuga multiflora*

别名：白毛夏枯草、散血草

科属：唇形科，筋骨草属

类别：多年生花卉

原产与分布：原产美国，中国内蒙古、黑龙江、辽宁、河北、江苏及安徽等地均有分布。

多花筋骨草

性状特征：株高10～20cm，单生或丛生，不分枝。基生叶通常无柄，有时茎下部叶或近基部叶有柄，叶片椭圆状卵圆形至长圆形。轮伞花序生于茎顶部，通常排列紧密，呈穗状，每轮具6朵或10朵花，花冠蓝紫色或蓝色。花期4—5月。

生态习性：喜半阴，耐阴亦耐暴晒；喜湿润环境，耐涝亦耐旱；在酸性、中性土壤中生长良好；抗逆性强，长势强健。花后需剪除残花，清除枯叶。植株过密要抽稀移植，让其有充分的生长空间。

多花筋骨草

夏枯草

夏枯草

'酒红之光'筋骨草

相似植物：筋骨草（*A. ciliata*），株高25～40cm。茎四棱形，基部略木质化，紫红色或绿紫色。叶纸质，卵状椭圆形至狭椭圆形；叶柄长1cm以上或几无，绿黄色，有时呈紫红色，基部抱茎。穗状聚伞花序顶生，一般长5～10cm，由多数轮伞花序密聚排列组成；花冠紫色，具蓝色条纹，冠筒长为花萼的1倍或稍长。花期4—8月。

夏枯草（*Prunella vulgaris*），株高10～40cm。匍匐根茎，基部多分枝，浅紫色。叶卵状长圆形或卵圆形，大小不等，最上方一对叶紧接于花序呈苞叶状。轮伞花序密集组成顶生长2～4cm的穗状花序，每一轮伞花序下均有苞片，苞片宽心形；花紫、蓝紫或红紫色。花期4—6月。

花境应用：花密集，开花整齐。可用于春季花境，作花境的前景材料。

31 荆芥 *Nepeta cataria*

别名：香荆芥、猫薄荷

科属：唇形科，荆芥属

类别：多年生花卉

原产与分布：原产中国西北、西南等地，浙江、江苏、安徽、江西等地有人工栽培。

性状特征：芳香植株，株高40～100cm。茎基部木质化，呈方柱形，上部有分枝，被短柔毛。叶对生，多已脱落，叶片三至五回羽状分裂，裂片细长。穗状轮伞花序顶生，花开淡紫色、粉色。花期7—9月。

生态习性：喜光，喜温暖湿润的环境；忌积水；对土壤要求不严，喜疏松、肥沃的土壤。生长期间须及时松土、除草、浇水，水量不能过多，要谨防荆芥发生立枯病，若发生，要及时喷洒波尔多液防治。

花境应用：花期较长，可用于夏季花境，作花境的前景或中景材料。

荆芥

荆芥

'蓝色忧伤'荆芥

'蓝色忧伤'荆芥

32 天蓝鼠尾草 *Salvia uliginosa*

科属：唇形科，鼠尾草属

类别：多年生花卉

原产与分布：原产南美洲及中美洲。

性状特征：株高30～90cm。叶对生，长圆披针形，具深锯齿，上密布白色茸毛。顶生总状花序，细长，花天蓝色。花期夏末至中秋。

生态习性：喜光；较耐寒，耐热；较耐旱，忌积水；喜疏松、肥沃、排水良好的砂质土壤。栽培容易，管理粗放。

相似植物：深蓝鼠尾草（*S. guaranitica* 'Black and Blue'），株高0.8～1.5m。叶对生，卵圆形，全缘或具钝锯齿，灰绿色，质地厚，叶表有凹凸状织纹，含挥发油，具强烈芳香。花腋生，花色呈极深的蓝紫色，远较一般鼠尾草、二月兰等蓝紫色系花卉更惊艳，更加引人注目。花期6—10月。

蓝花鼠尾草（*S.farinacea*），又名一串蓝、蓝丝线。株高30～60cm，植株呈丛生状，被柔毛。茎为四角柱状，且有毛，下部略木质化。叶对生，长椭圆形，灰绿色，叶表有凹凸状织纹，且有折皱，灰白色，香味刺鼻浓郁。具长穗状花序，长约12cm，花小，花量大，蓝紫色。花期夏季。

天蓝鼠尾草

天蓝鼠尾草

蓝花鼠尾草

蓝花鼠尾草

花境应用：色彩变化丰富，共同构成清丽的夏季花境。可大片丛植成景，或作背景材料。

深蓝鼠尾草

蓝花鼠尾草

深蓝鼠尾草

33 墨西哥鼠尾草 *Salvia leucantha*

别名：紫绒鼠尾草

科属：唇形科，鼠尾草属

类别：多年生花卉

原产与分布：原产墨西哥和中南美洲。

性状特征：株高30～70cm。茎直立多分枝，四棱形，有茸毛，茎基部稍木质化。叶对生有柄，披针形，叶缘有细钝锯齿，叶脉下凹，清晰，叶面具茸毛，有香气。轮伞花序顶生，长20～40cm；花白至紫色，具茸毛。花期9—11月。

墨西哥鼠尾草

生态习性：喜光；喜疏松、肥沃的土壤。

花境应用：灰绿色叶具绒感，紫色花序明丽动人，花叶俱美，花期较长，可用于秋季花境，作花境的中景或背景材料。

墨西哥鼠尾草

墨西哥鼠尾草

墨西哥鼠尾草

34 绵毛水苏 *Stachys lanata*

科属：唇形科，水苏属

类别：多年生花卉

原产与分布：原产巴尔干半岛、黑海沿岸至西亚，现中国各地多有栽培。

性状特征：株高20～60cm。叶片宽大肥厚，全株密被灰白色丝状绵毛，表现出柔和的银白色。轮伞花序多花，向上密集聚生成顶生的穗状花序，花序长10～22cm；花紫色。花期7月。

生态习性：喜光；耐寒，耐热；耐旱，忌积水；喜疏松、肥沃、排水良好的土壤。积水易导致叶片腐烂，雨天要注意排水。

花境应用：叶长竖立如兔耳，叶面被灰白绵毛，富有质感，紫色轮伞花序呈穗状挺拔高出，观叶亦观花。可用于各类花境，作花境的前景或中景材料。

绵毛水苏

绵毛水苏

绵毛水苏

35 粉花香科科 *Teucrium chamaedrys*

别名：欧香科科、石蚕香科科

科属：唇形科，香科科属

类别：多年生常绿花卉

原产与分布：原产欧洲地中海及北非、中东地区，现中国各地多有栽培。

性状特征：株高15～50cm。全株被毛。叶对生，卵圆形，具锯齿，深绿色，有光泽。花粉色，单瓣，腋生。花期7—8月。

生态习性：喜光；喜温暖湿润环境，稍耐寒；喜疏松、肥沃的砂质土壤。

花境应用：适合作为花境的前景材料。

粉花香科科

粉花香科科

粉花香科科

36 花烟草 *Nicotiana alata*

别名： 烟草花

科属： 茄科，烟草属

类别： 多年生花卉

原产与分布： 原产阿根廷和巴西，现中国多地有栽培。

花烟草

性状特征： 株高0.6～1.5m。全株密被腺毛。茎直立，基部木质化。叶互生，披针形或长椭圆形。疏松总状花序顶生，花喇叭状，花冠圆星形，中央有小圆洞，内藏雌雄蕊；小花由花莛逐渐往上开放；花有白、淡黄、桃红、紫红等色，也有外面紫红色，内面白色。花夜间及阴天开放，晴天中午闭合。盛花期4—8月。

生态习性： 喜光；较耐热，不耐寒；耐旱，忌积水；以肥沃、富含有机质的砂质壤土为佳。梅雨季节需防范长期潮湿，排水不良容易导致根部腐烂。定植成活后摘心一次，促使多分枝。生长后期的病害较严重，应注意综合防治，定期施药，同时注意夏季连续阴天后防止叶腐病的发生。

花境应用： 花色明艳，色彩丰富，花期长，且植株紧凑，连续开花。可用于春夏花境，作花境的中景或背景材料。

花烟草

花烟草

37 毛地黄钓钟柳 *Penstemon digitalis*

别名： 毛地黄叶钓钟柳

科属： 玄参科，钓钟柳属

类别： 多年生常绿花卉

原产与分布： 原产北美洲，现中国多地有栽培。

性状特征： 株高30～80cm。全株被茸毛。茎直立丛生。叶交互对生，卵形至披针形，无柄。花单生或3～4朵着生于叶腋总梗之上，呈不规则总状花序，花色有白、粉、红、蓝紫等。花期5—10月。

生态习性： 喜光，喜凉爽环境；极耐寒，不耐旱；对土壤要求不严，但以在疏松、肥沃的土

毛地黄钓钟柳

毛地黄钓钟柳

'西瓜太妃'钓钟柳

'西瓜太妃'钓钟柳

壤上生长较好。勿多施氮肥，避免茎叶过于肥大而倒伏。宜选择背风向阳处栽植。

相似植物：钓钟柳（*P. campanulatus*），株高30～50cm。茎光滑，稍被白粉。叶对生，稍肉质，基生叶卵形，茎生叶披针形，全缘。花单生或3～4朵生于叶腋与总梗上，呈不规则总状花序，组成顶生长圆锥形花序；花冠筒状唇形，长约2.5cm，上唇2裂，下唇3裂，花朵略下垂；花有紫、玫瑰红、紫红或白等色，具有白色条纹。花期5—10月。

花境应用：株型挺拔秀丽，其冬叶变红而不枯，丰富了花境季相，是极佳的花境材料，可成片栽植作为单色花境，也可作为花境的背景或中景材料。

毛地黄钓钟柳

38 穗花婆婆纳 *Veronica spicata*

科属： 玄参科，婆婆纳属

类别： 多年生花卉

原产与分布： 原产新疆西北部。

性状特征： 株高30～60cm，全株被毛。茎直立或斜展，丛生性强。单叶对生，披针形，长5～20cm，边缘有细锯齿，近无柄。顶生总状花序，长穗状，挺拔细长，直径1cm左右的纤小花朵聚集其上；花冠筒状唇形；花色有蓝、白、粉三种颜色，雄蕊极长，伸出花冠外。花期6—8月。

生态习性： 喜光，耐半阴；耐寒，耐高温；喜肥力中等、排水良好的环境，忌冬季土壤湿涝。其栽培管理简单，成活率高，在炎热的夏季开花不断，对环境条件要求不严，病虫害较少。

花境应用： 株型紧凑，花枝优美，花期长，且恰逢仲夏缺花季节，是布置夏季花境的优良材料，作花境的前景或中景材料。

穗花婆婆纳

'达尔文之蓝'穗花婆婆纳

'达尔文之蓝'穗花婆婆纳

穗花婆婆纳

39 翠芦莉 *Ruellia brittoniana*

别名： 蓝花草、芦莉草
科属： 爵床科，芦莉草属
类别： 多年生花卉
原产与分布： 原产墨西哥。

翠芦莉

翠芦莉

矮生翠芦莉

性状特征： 依植株高度分为高性种和矮性种两种类型。高性种的株高为30～100cm，节间距较大，红褐色茎秆明显可见；矮性种的株高仅10～20cm，节间距较短小，似丛生状。花腋生，直径3～5cm，花冠漏斗状，5裂；花色多蓝紫色，少数粉色或白色。花期3—10月。

生态习性： 喜光，亦耐半阴；喜高温，耐酷暑；较耐旱，亦较耐湿；不择土壤，耐瘠薄，耐轻度盐碱土壤。植株性强健，病虫害较少发生。偶尔发生根腐病，多见于高温多湿季节，夏季应注意土壤排水。

花境应用： 花期极长，花姿优美。高性种花朵繁多，丛植效果蔚为壮观，适合作花境中景材料；矮性种的老株茎秆上有老叶脱落的痕迹，苍劲有力，适合配置于岩石花境。

40 半边莲 *Lobelia chinensis*

别名： 细米草、瓜仁草
科属： 桔梗科，半边莲属
类别： 多年生花卉
原产与分布： 原产中国长江中下游及以南各地。

半边莲

性状特征： 株高6～15cm。茎常匍匐，可分枝。叶互生成二列，长椭圆状卵形至披针形。花单生于叶腋，花冠基部筒状，上部偏向一边；花色有紫、浅紫、粉红或白色。花果期5—10月。

生态习性：喜光；喜潮湿环境，耐寒；稍耐干旱，可在田间自然越冬，生于田埂、草地、沟边、溪边潮湿处。人工种植以沟边河滩较为潮湿处为佳，土壤以砂质土壤为好。

相似植物：六倍利（*L. erinus*），产自南非，故又称南非半边莲，多年生，但多作一年生栽培，株高12～20cm。茎上部叶略小，为披针形；基部叶稍大，呈广匙形。花顶生或腋生；花色丰富，有红、桃红、紫、紫蓝、白等色。花期7—9月。

六倍利

六倍利

六倍利

'瑞丰混色'宿根六倍利

'瑞丰混色'宿根六倍利

宿根六倍利（*L. speciosa*），株高50～70cm，植株整齐性良好。穗状花，花穗长且浓密，小花直径2～3cm，花色艳丽。品种较多，花色绯红色的是铜色叶片，其他花色为绿色叶片。花期6—8月。耐热，但不耐霜冻，冬季户外栽培需覆盖。对种植条件要求不高，非常耐贫瘠。

花境应用：花期长，可以从春季一直开到秋季，特别是现在培育的一些新品种几乎可以全年开花。其开花量大，盛花期时，成千上万的小花簇拥在枝头，繁茂的花簇把整个植株包裹得严严实实，十分漂亮。花境应用中主要选取紧凑型直立半边莲（丛生型），适合作花境的前景材料。

41 桔梗 *Platycodon grandiflorus*

别名：包袱花、铃铛花、僧帽花

科属：桔梗科，桔梗属

类别：多年生花卉

原产与分布：原产西伯利亚东部、中国北部以及朝鲜、日本等地，宁波象山海边有野生分布。

桔梗

性状特征：株高30～100cm。三叶轮生或互生，叶片卵圆形至卵圆披针形，具锯齿，淡蓝绿色。花大，单朵或数朵顶生，钟状；花色有蓝色、紫色、粉红色、白色等，裂片5。花期7—9月。

生态习性：喜光，亦耐阴；喜凉爽湿润的环境；耐寒，冬季地上部分枯萎，能耐-15℃低温；忌高温多湿，忌积水，怕风害，夏季多雨和台风天气，注意及时排水和加固；土壤以肥沃、疏松和排水良好的砂质壤土为宜。

花境应用：花形别致，花色亮丽，花期长，可用于夏季花境，高型品种适宜作花境的中景材料。

桔梗

桔梗

桔梗

大滨菊 *Leucanthemum maximum*

别名： 西洋滨菊

科属： 菊科，滨菊属

类别： 多年生常绿花卉

原产与分布： 原产西欧，现世界各地广泛栽培。

性状特征： 株高60～120cm，全株无毛。基生叶簇生，倒披针形，具长柄，边缘有细尖锯齿；茎生叶互生，较小，线形，无柄。头状花序单生于茎顶，花大，直径达7cm；缘花舌状，白色，有香气；盘花管状，黄色。花期5—7月。

生态习性： 喜光，喜温暖湿润的环境；耐寒性强；对土壤要求不严，但以疏松肥沃、排水良好的砂质壤土为佳。生长期每月施氮、磷、钾均衡的稀薄液肥一次，严格控制氮肥用量，否则会推迟花期。花后剪除地上部分，有利于基生叶萌发。

花境应用： 株型挺拔秀丽，花开素雅，可形成宁静淡雅的春、夏季单色花境。其植株高大挺拔，冬季常绿，可丰富花境季相，是优良的花境背景材料。

大滨菊

大滨菊

大滨菊

大吴风草 *Farfugium japonicum*

别名： 八角乌、活血莲、金钵盂

科属： 菊科，大吴风草属

类别： 多年生常绿花卉

原产与分布： 原产中国东部，日本、朝鲜也有分布。宁波有野生分布，多见于沿海地区。

性状特征： 株高30～70cm。叶多莲座状基生，近革质，较大，近肾形，具长柄，基部稍抱茎。花莛高70cm，头状花序排列成松散伞房状，花序直径4～6cm；缘花舌状，黄色；盘花管状，黄色。花期7—11月。

生态习性： 喜半阴和湿润环境，忌阳光直射；耐寒，在江南地区能露地越冬；对土壤适应度较好，以肥沃疏松、排水好的黑土为宜。

相似植物： 黄斑大吴风草（*F. japonicum* 'Aureo-maculata'），叶面密布星点状黄斑，多施氮肥可使新叶上的色斑变小，直至完全变成绿色。

花境应用： 叶片硕大，深绿色，有光泽，可作花境的前景材料。其冬季常绿且开花，可丰富花境的季相。

大吴风草　大吴风草
大吴风草　黄斑大吴风草　黄斑大吴风草

44 银蒿 *Artemisia austriaca*

别名：银叶蒿

科属：菊科，蒿属

类别：多年生半灌木状花卉

原产与分布：原产欧洲以及伊朗、俄罗斯和中国的内蒙古（集宁）、新疆（北部）等地。

性状特征：株高15～60cm。茎直立，木质，基部常扭曲。叶卵形或长卵形，二至三回羽状全裂，裂片线形或椭圆形。茎、枝、叶两面及总苞片背面密被银白色或淡灰黄色略带绢质的茸毛。头状花序卵球形。花果期9—12月。

生态习性：喜光；耐寒；生长强健，对土壤要求不严。及时修剪，可以随意控制其高度。

相似植物：黄金艾蒿（*A.vulgaris* 'Variegate'），株高可达1.2m，叶片羽状深裂，具黄色斑点，具芳香。

花境应用：株型匀整，叶银白色，是优良的观叶植物。可于土壤石块交接处贴合自然生长，是极好的岩石花境材料。

银蒿

45 金光菊 *Rudbeckia laciniata*

别名： 黑眼菊

科属： 菊科，金光菊属

类别： 多年生花卉

原产与分布： 原产北美，现中国各地多有栽培。

性状特征： 株高0.5～2m，全株无毛或稍有短糙毛。茎上部分枝。下部叶长卵圆形，全缘或羽裂；中部叶3～5深裂，上部叶不分裂。头状花序单生枝端，具长花序梗；花序直径7～12cm；舌状花金黄色，倒披针形，顶端具2短齿；管状花黄色或黄绿色。花期7—10月。

生态习性： 喜光，亦耐半阴；较耐寒，耐旱，忌水湿；对土壤要求不严，但以在疏松、肥沃的土壤上生长较好。

相似植物： 全缘叶金光菊（*R. fulgida*），二或多年生，稀一年生草本。叶互生，稀对生，全缘。

二色金光菊（*R. bicolor*），缘花基部为褐红色至浅红色，形成红、黄二色花瓣。

花境应用： 株型较大，盛花时花朵繁多，而且花期长，可用于夏秋花境，作花境的中景材料。

'秋月'金光菊

'秋月'金光菊

金光菊

金光菊

'金色风暴'全缘叶金光菊

'金色风暴'全缘叶金光菊

二色金光菊

二色金光菊

46 大花金鸡菊 *Coreopsis grandiflora*

别名：大花波斯菊

科属：菊科，金鸡菊属

类别：多年生花卉

原产与分布：原产北美，现中国各地常栽培。

大花金鸡菊

性状特征：株高20～100cm，全株疏生细毛。茎直立，多分枝。基生叶簇生，披针形或匙形；茎生叶全部或有时3～5裂，裂片披针形或条形，先端钝形。头状花序单生于枝端，具长柄；舌状花和管状花都为黄色。花期5—9月。

生态习性：喜光，稍耐阴；喜温暖环境，耐寒亦耐热；耐旱，忌涝，雨后应及时排水；对土壤要求不严，喜肥沃、湿润、排水良好的砂质壤土。适应性强，繁殖容易。生长期追施2～3次氮肥，追氮肥时配合施磷、钾肥。金鸡菊在肥沃的土壤中枝叶茂盛，开花反而减少，因此施肥要适度，不能过多。

相似植物：金鸡菊（*C. drummondii*），株高30～80cm，全株疏生长毛。叶全缘浅裂，茎生叶长圆匙形或披针形，3～5裂。头状花序直径

金鸡菊

大花金鸡菊

两色金鸡菊

轮叶金鸡菊

6～7cm，具长梗，花金黄色。花期5—10月。金鸡菊有重瓣、矮、高等变种：重瓣金鸡菊具艳丽的金黄色重瓣大花，矮种金鸡菊高30～35cm，高种金鸡菊高70～80cm。

两色金鸡菊（*C. tinctoria*），亦称蛇目菊，一年生草本，高30～100cm。舌状花单轮，花瓣6～8枚，黄色，基部或中下部红褐色；管状花紫褐色。花期5—9月。

轮叶金鸡菊（*C. verticillata*），叶掌状3深裂，各裂片又细裂。喜光，耐半阴，喜肥沃、湿润、排水良好的土壤，但耐干旱。

花环菊（*Chrysanthemum carinatum*），又称三色菊，菊科，茼蒿属，一二年生草本植物。株高30～70cm。茎直立，多分枝。叶二回羽状分裂。头状花序，花冠有红、粉、黄、白、紫等色，常二三色呈复色环状，花期6—9月。

五色菊（*Brachycome iberdifolia*），一年生草本。株高20～45cm，多分枝。叶互生，羽状分裂，裂片条形。头状花序，直径约2.5cm，单生花莛顶端或叶腋；盘花两性，黄色；缘花舌状，一轮，单瓣，花色有蓝色、玫瑰粉或白色。花期5—6月。

花境应用：金黄色花朵大而艳丽，开花繁茂。作为常用的花境主景植物，可与花色淡雅的白晶菊、紫娇花、美女樱等配置，并以大滨菊、柳叶马鞭草等高大花材作为花境背景，形成色彩明亮、活泼生动的春、夏季花境。也可成片种植形成单色花境景观。

花环菊

五色菊

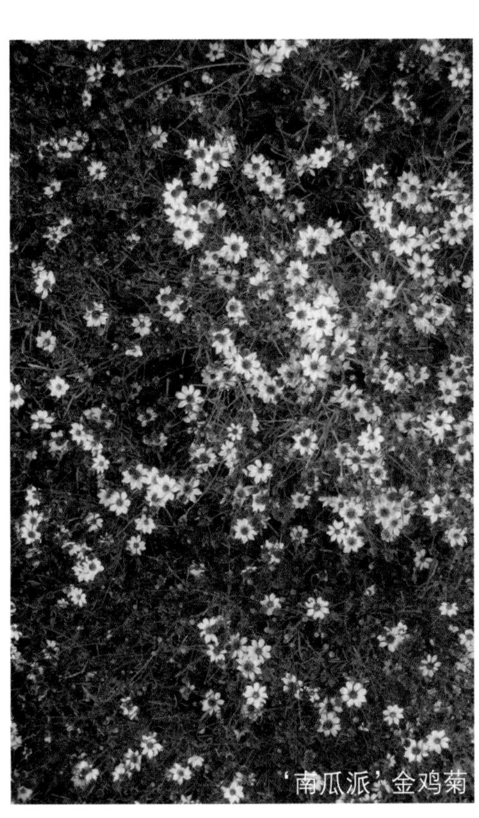
'南瓜派'金鸡菊

'菠萝派'金鸡菊

47 木茼蒿 *Argyranthemum frutescens*

别名：玛格丽特、茼蒿菊、蓬蒿菊、木春菊

科属：菊科，木茼蒿属

类别：多年生半灌木状花卉

原产与分布：原产加那利群岛。

性状特征：株高可达1m，全株光滑。茎直立，多分枝。叶卵形或矩卵形，一至二回羽状分裂，裂片细长。头状花序多数，在枝顶排成不规则疏散伞房状；缘花舌状，单层或多层，花色有白、淡黄、红等；盘花管状，黄色。花期3—10月。

生态习性：喜光；喜温暖湿润的环境，耐寒力不强，不耐炎热；忌积水，喜肥沃且排水良好的土壤。夏季炎热时叶子脱落，冬季需保护越冬。

花境应用：枝叶繁茂，花色淡雅，花期长，可作花境中景材料。

木茼蒿

木茼蒿

木茼蒿

木茼蒿

48 黄金菊 *Euryops pectinatus* 'Viridis'

别名：罗马黄春菊

科属：菊科，梳黄菊属

类别：多年生至亚灌木常绿花卉

原产与分布：梳黄菊的园艺变种。

性状特征：株高40～100cm，全株绿色，具香气。叶略带草香及苹果的香气。羽状叶有细裂。花顶生，总花梗长；缘花黄色，盘花金黄色。盛花期5—9月。

生态习性：喜光；较耐热，较耐寒；喜排水良好的砂质壤土。生长期可施用复合肥，开花后轻剪，以促进分枝。管理粗放，少有病虫害。

相似植物：梳黄菊（*E. pectinatus*），又称南非菊，与黄金菊的区别为全株被灰白色毛，叶色不及黄金菊光亮。

花境应用：株型紧凑，金黄色花朵格外鲜艳，花期极长，尤其在宁波能保持冬季常绿且有花开放，是优良的花境材料。

梳黄菊

梳黄菊

黄金菊

黄金菊

49 银叶菊 *Senecio cineraria* 'Cirrus'

科属：菊科，千里光属

类别：多年生常绿花卉

原产与分布：原产南欧。

性状特征： 株高40～60cm。叶一至二回羽状分裂，叶片质较薄，正反面均被银白色柔毛。花朵大多为黄色，有少数呈现紫红色。花期6—9月。

生态习性： 喜光；喜凉爽湿润环境，忌高温干旱，较耐寒；喜疏松、肥沃且排水良好的砂质壤土。

相似植物： ‘银灰’（‘Silver Dust’），全株被银灰色毛，叶羽状细裂。

‘钻石’（‘Diamomd’），全株被白色绵毛，叶长椭圆形，羽状深裂，小裂片呈钻石状。

花境应用： 银白色的叶片远看像一片白云，在花境应用中一般作为镶边材料，其冬季常绿是冬天景观中的亮点。

银叶菊

银叶菊

银叶菊

50 千叶蓍 *Achillea millefolium*

别名：蓍草、欧蓍、蓍

科属：菊科，蓍属

类别：多年生常绿花卉

原产与分布：原产欧洲及西亚，适宜于中国长江流域附近及以北地区栽培。

性状特征：株高40～100cm。茎直立，有细条纹，通常被白色长柔毛，上部分枝。叶无柄，长而狭，边缘锯齿状，二至三回羽状全裂。头状花序呈伞房状着生，生于茎顶；花色丰富，有白、粉红或淡紫红等色，具香气。花期6—8月。

生态习性：喜光；耐寒；不耐旱，忌积水；对土壤要求不严，耐瘠薄，喜肥沃、排水良好的土壤。春季可进行强修剪，一般植株在夏季能更好地开花，花谢后应立即剪除开败的花枝，以利于新花枝的发育与开花，延长观赏花期。湿度过高易造成倒伏，应及时修剪上部茎叶，注意防治白粉病、锈病等。

花境应用：花色丰富，是理想的花境材料。在花境中主要作为独特花头及水平线条植物应用，适宜种植于花境的中景处，或成片栽植作花境主景。

千叶蓍

千叶蓍

千叶蓍

千叶蓍

千叶蓍

千叶蓍

'夏日浆果'千叶蓍

千叶蓍

千叶蓍

51 宿根天人菊 *Gaillardia aristata*

别名： 大天人菊

科属： 菊科，天人菊属

类别： 多年生花卉

原产与分布： 原产北美西部。

性状特征： 株高60～10cm，全株密被粗硬毛。茎直立，稍有分枝或不分枝。叶互生，基部叶长椭圆形或匙形，全缘或羽裂，叶柄长；上部叶披针形，全缘，无柄或心形抱茎。头状花序单生于茎顶；缘花舌状，米黄色，基部稍带紫色或红色；盘花管状，紫红色。花期6—9月。

生态习性： 喜光，耐半阴，喜温暖、通风良好的环境；耐瘠薄，喜疏松、排水良好的土壤。

相似植物： 天人菊（*G. pulchella*），一年生草本植物。株高20～60cm，全株被柔毛。头状花序，舌状花黄色，基部带紫色，顶端2～3裂；管状花裂片三角形，被节毛。花期7—10月。

花境应用： 花色鲜艳，细长摇曳，花瓣有卷曲的、匙状或无卷曲的舌瓣花，是布置夏季花境的良好材料。可成片密植成为美妙的单一花境，也可与白晶菊、矢车菊、金光菊等混植，组成色彩丰富的春夏花境。

宿根天人菊

52 亚菊 *Ajania pallasiana*

别名：多花亚菊、太平洋亚菊

科属：菊科，亚菊属

类别：多年生草本至亚灌木常绿花卉

原产与分布：原产中国东北地区。

性状特征：株高30～50cm。茎粗壮，直立。叶长椭圆形或菱形，3深裂或二回羽状分裂，边缘银白色，被稀疏柔毛。头状花序在茎顶组成紧密的伞房状，花黄色；缘花细管状，盘花管状。花期10—11月。

生态习性：喜光；喜凉爽环境，耐寒；耐旱；耐瘠薄，对土壤要求不严，种植在疏松、肥沃的土壤中则病虫害少。夏季梅雨季节高温高湿，需注意保持良好的通风及排水条件。

相似植物：常用的园艺品种是'Silver and Gold'，植株色纯质厚，蓬型饱满，叶背银色，叶缘白色镶边，轮廓分明，花开繁茂，金黄亮丽。花期9—11月。

花境应用：非常优良的花叶共赏植物，可作花境前景材料。其与低矮匐地的紫叶酢浆草、美女樱等多年生草本搭配，色彩对比鲜明，层次丰富。

亚菊

亚菊

53 紫松果菊 *Echinacea purpurea*

别名： 松果菊、紫锥花

科属： 菊科，松果菊属

类别： 多年生花卉

原产与分布： 原产北美洲东部及中部，现中国多地有栽培。

性状特征： 株高0.6～1.5m，全株密被刚毛。茎直立。基生叶卵形或三角形，茎生叶卵状披针形，叶柄基部稍抱茎。头状花序单生于枝顶，或多数聚生；缘花舌状，紫红色，稍下垂；盘花管状，隆起呈松果状，盛开时橙黄色，后逐渐变为深紫褐色。花期6—9月。

生态习性： 喜光；耐寒；耐旱，忌积水；喜肥沃、排水良好的微酸性土壤。性强健，开花后及时剪除残花，可延长赏花期。

相似植物： 白花松果菊（*E. purpurea* ‘Alba’），舌状花白色，组成拱形的圆锥体；管状花放射状排列，棕绿色，圆心部分绿色。

花境应用： 紫松果菊因头状花序很像松果而得名。花朵较大，色彩艳丽，外形美观，是极佳的花境主景材料。植株茎干挺拔粗壮，不易倒伏，通常作为花境中景材料。

紫松果菊

紫松果菊

紫松果菊

紫松果菊

白花松果菊

紫松果菊

54 荷兰菊 *Aster novi-belgii*

别名： 纽约紫菀、柳叶菊　　**类别：** 多年生花卉

科属： 菊科，紫菀属　　**原产与分布：** 原产北美。

荷兰菊

性状特征： 株高40～90cm。茎丛生，多分枝。叶呈线状披针形，形似柳叶，光滑，幼嫩时微呈紫色。头状花序顶生，缘花舌状，花色有白、粉、玫红、蓝紫等；盘花管状，黄色至橘红色。花期5—11月。

生态习性： 喜光；耐寒；耐旱，忌积水；耐瘠薄，对土壤要求不严，以肥沃和疏松的砂质土壤为佳。适应性强，开花后应及时剪除残花，并追施复合肥，促使越冬芽更加健壮，夏季雨后注意及时排水。

相似植物： 紫菀（*A. tataricus*），株高1～1.5m。茎直立、粗壮。基生叶丛生，长椭圆形，叶柄长，花期枯萎；茎生叶互生，卵形或长椭圆形，渐上无柄。头状花序排成伞房状，有长梗，密被短毛；总苞半球形，总苞片3层，边缘紫红色；舌状花蓝紫色，筒状花黄色。花期7—9月。

花境应用： 色彩丰富，群植既能构成大气又不失清雅的单一花境景观，也适合作为混合花境的中景材料。

荷兰菊

荷兰菊

紫菀

55 火炬花 *Kniphofia uvaria*

别名：火把莲、红火棒

科属：百合科，火把莲属

类别：多年生常绿花卉

原产与分布：原产南非。

火炬花

性状特征：株高0.6～1.2m。叶基部丛生，线形。花莛自叶丛基部抽出，高可达1m；头状花序顶生，长15～25cm，由数百朵圆筒形花冠密集排列，自下而上开放；花冠上部橘黄色，下部黄色。花期6—7月。

生态习性：喜光；喜温暖环境；忌积水；对土壤要求不严，以腐殖质丰富、排水良好的土壤为佳。开花前后各施一次以氮磷钾为主的复合肥，促进植株多分蘖、多开花。花期如遭遇金龟子咬食花朵，可用黑光灯诱杀。

花境应用：花莛挺拔，花序形如火炬，盛开时热烈奔放，活力四射。适用于夏季花境，可作花境的中景材料。

火炬花

火炬花

56 金边阔叶麦冬 *Liriope muscari* 'Variegata'

别名：金边麦冬、金边阔叶山麦冬

科属：百合科，山麦冬属

类别：多年生常绿花卉

原产与分布：中国多地有栽培。

金边阔叶麦冬

性状特征：株高约30cm。叶革质，叶片边缘为金黄色，边缘内侧为银白色与翠绿色相间的竖向条纹，基生密集成丛。花莛高出于叶丛，花红紫色，4～5朵簇生于苞腋，排列成细长的总状花序。种子球形，初期绿色，成熟时紫黑色。花期6—9月，果期9—10月。

生态习性：喜光，亦耐半阴；耐热，亦耐寒；耐湿，耐旱；喜湿润、肥沃且排水良好的土壤。栽培中应注意蜗牛和蛞蝓的防治。

相似植物：阔叶山麦冬（*L. platyphylla*），叶丛生，革质，宽线形。花莛通常长于叶，总状花序长25～40cm，具多数花，3～8朵簇生于苞片腋内，小花淡红紫色。种子球形，初期绿色，成熟后变黑紫色。花期6—9月，果期9—10月。

'金带子'金边阔叶麦冬

黑麦冬（*Ophiopogon planiscapus* 'Arabicus'），又称黑色沿阶草、黑龙麦冬，是园艺中少有的黑色植物。植株矮小，一般高5～10cm。叶丛生，无柄，窄线形，黑绿色。小花淡粉色。种子浆果状，蓝色。花期5—7月，果期9—10月。

花境应用：叶色金黄镶边，四季常绿，可应用于岩石花境或作花境镶边材料。

黑麦冬

黑麦冬

阔叶山麦冬

57 花叶山菅兰 *Dianella ensifolia* 'Silvery Stripe'

别名：银边山菅兰

科属：百合科，山菅属

类别：多年生常绿花卉

原产与分布：山菅兰的园艺栽培品种，近年杭州、上海、云南等地已广泛应用。

性状特征：株高50～70cm。茎横走，结节状，节上有细而硬的细根。叶近基生，排成二列，狭条状披针形，革质，长30～60cm，边缘有黄白色边。花莛从叶丛中抽出，直立，圆锥花序长10～30cm，花多朵，淡紫色，夏季开放。浆果紫蓝色。

生态习性：适应性强，不拘土质，生长快，能耐0℃以下低温气候，栽培管理简单，分蘖性强。

花境应用：株型优美，叶色秀丽，叶边缘具银白色条纹，清逸美观，可作为花境的镶边植物，或片植配置观赏草花境。

花叶山菅兰

花叶山菅兰

58 大花萱草 *Hemerocallis* spp.

别名：谖草、忘忧草、宜男

科属：百合科，萱草属

类别：多年生花卉

原产与分布：原产中国、日本和俄罗斯，现在世界各地广泛栽培。

性状特征：株高30～110cm。花莛粗壮。伞房花序顶生；花喇叭状，直径5～18cm，数朵簇生；花色繁多，有玫瑰红、橘黄、乳白、黄色等。花期5—9月。

生态习性：喜光照充足的温暖环境，亦耐半阴，耐寒，耐旱；喜疏松、肥沃、排水良好的湿润砂质土壤。长江以南年降雨量1400mm左右的地区全年无需浇水，长江以北的大部分地区需要及时补水，因为生长较快，应定期追肥。入冬后，地上叶丛枯萎，应及时剪除，长江以南地区部分品种表现为终年常绿。

相似植物：大花萱草是萱草属种间杂交用

'回复'大花萱草

'回复'大花萱草

‘黑丝绒’大花萱草

‘四十二街’大花萱草

‘优雅的糖果’大花萱草

‘白色牧羊人’大花萱草

‘金娃娃’大花萱草

‘金娃娃’大花萱草

于观赏的园艺品种的统称。萱草属植物全世界约14个种，日本有7种，朝鲜半岛有6种，俄罗斯有5种，中国是世界萱草属自然分布中心，有11个种。萱草（*H. fulva*）分布最广，除西北、东北及华北北部外，其他各省区都有野生分布；北黄花菜（*H. lilioasphodelus*）分布于华北、西北、东北、华东地区；小黄花菜（*H. minor*）主要分布于华北、东北地区；黄花菜（*H. citrina*）主产秦岭以南地区；小萱草（*H. dumortieri*）、北萱草（*H. esculenta*）、大苞萱草（*H. middendorfii*）分布于东北地区；中国特有种西南萱草（*H. forrestii*）、折叶萱草（*H. plicata*）、矮萱草（*H. nana*）分布于西南地区；多花萱草（*H. multiflora*）仅分布于河南。园艺品种非常丰富，有‘优雅的糖果’大花萱草、‘黑丝绒’大花萱草、‘芝加哥之火’大花萱草、‘白色牧羊人’大花萱草、‘四十二街’大花萱草、‘回复’大花萱草和‘金娃娃’大花萱草等。

花境应用：大花萱草园艺品种繁多，花色丰富，花形多样，观赏性强，广泛应用于道路绿化、公园绿地、庭院、屋顶等花境布置中，可作花境的前景或镶边材料。

‘芝加哥之火’大花萱草

‘芝加哥之火’大花萱草

59 玉簪 *Hosta plantaginea*

别名：白玉簪

科属：百合科，玉簪属

类别：多年生花卉

原产与分布：原产中国、日本、朝鲜。

性状特征：株高30～60cm。叶基生成丛，卵形至卵状心形，具长柄；叶脉呈弧形。花莛自叶丛中抽出，总状花序顶生，着花9～15朵；花白色，筒状漏斗形，具芳香。花期7—9月。

生态习性：喜阴湿环境，不耐强光直射；耐寒，性强健；喜土层深厚、排水良好且肥沃的砂质壤土。春季发芽期和开花前可施氮肥及少量磷肥作追肥，促进叶绿花茂。生长期雨量少的地区要经常浇水，疏松土壤，以利生长。冬季适当控制浇水，停止施肥。

相似植物：紫萼（*H. ventricosa*），叶深绿色。花钟状，花被片短，紫色或淡紫色。花期6—7月。

紫玉簪（*H. albo-marginata*），花单生，盛开时从花被管向上逐渐扩大，紫色。花期8—9月。

玉簪品种繁多，有叶形叶色的变化，如‘法兰西’玉簪（*H. plantaginea*‘Francee’），叶色碧绿带金边。

花境应用：玉簪碧叶莹润，清秀挺拔，花色如玉，幽香四溢，深受人们的喜爱。作为较好的阴生植物，可用于林下花境，也可布置于岩石花境中。

玉簪

紫玉簪

紫玉簪

紫萼

‘法兰西’玉簪

‘蓝天使’玉簪

‘金刚狼’玉簪

‘凯瑟琳’玉簪

‘奥拓’玉簪

‘半天’玉簪

‘安妮’玉簪

‘色彩’玉簪

‘戴安娜’玉簪

60 加州庭菖蒲 *Sisyrinchium californicum*

别名：黄眼草、黄金眼草、黄金蓝眼草

科属：鸢尾科，庭菖蒲属

类别：多年生常绿花卉

原产与分布：原产美国加州。

性状特征：株高30～60cm，冠径30cm。茎直立生长。叶基生成簇，禾草叶状，淡绿色，叶脉较暗。花稍扁平，六瓣，亮黄色，着生于具翅的茎上。花期4—7月。外部的叶秋季枯死变黑。

生态习性：喜光；耐寒；喜湿润且排水良好的土壤。

花境应用：花色亮黄耀眼，花期长，适宜作花境的前景材料，也可用于岩石花境。

加州庭菖蒲

加州庭菖蒲

加州庭菖蒲

加州庭菖蒲

61 德国鸢尾 *Iris germanica*

科属：鸢尾科，鸢尾属

类别：多年生花卉

原产与分布：原产地中海地区。

性状特征：株高0.6～1.2m。根状茎粗壮肥厚，须根肉质。叶套叠状排列成二列，基生叶剑形，无明显的中脉，淡绿色或灰绿色，常被白粉。花莛高60～100cm，上部有分枝，中下部有1～3枚茎生叶；苞片3枚，卵圆形或宽卵形，内有花1～2朵，直径可达12cm；花色多，有淡紫、蓝紫、深紫、姜黄、桃红、白色等，具芳香；花被管呈喇叭形，外轮垂瓣椭圆形或倒卵形，中脉上密生黄

色须毛状附属物，内轮旗瓣较小、直立。花期4—5月。

生态习性：喜光；喜温暖环境，耐寒；耐旱；喜疏松、肥沃且排水良好的砂质土壤。栽培地段须排水良好，否则要考虑用高垄或高畦种植。

相似植物：'幻梦'（'Beautiful Vision'），花淡紫色。

'魂断蓝桥'（'Blue Starcato'），花莛高1m，花蓝色，皱边。

'幻仙'（'Fantasy Fair'），花莛高90cm，花淡紫色，髯毛红色。

'雅韵'（'Gracious Living'），花莛高90cm，旗瓣乳白色，垂瓣淡紫色，髯毛黄色。

'麦耳'（'Wheatear'），花莛高95cm，花杏黄色，花瓣边缘波状，髯毛橘红色。

鸢尾（*I. tectorum*），叶片较德国鸢尾小，花被管外轮中脉上有鸡冠状白色带蓝紫纹突起附属物。

花境应用：株型挺拔秀丽，花朵硕大，花色丰富，是极佳的花境材料。

德国鸢尾

鸢尾

鸢尾

62 花菖蒲 *Iris ensata* var. *hortensis*

科属：鸢尾科，鸢尾属

类别：多年生半常绿花卉

原产与分布：原产中国东北，朝鲜、俄罗斯、日本也有栽培。栽培品种丰富，具有较高的园艺价值，各地广泛种植。

性状特征：株高0.6～1.2m。根状茎粗壮。叶宽剑形，中脉明显。花莛高出叶，每莛着花2朵，花大，外轮垂瓣下垂、广椭圆形，内轮旗瓣较小，色浅；园艺品种多，花色丰富，单瓣或重瓣，花瓣上斑点及花纹变化多。花期5—6月。

生态习性：喜光，耐寒，耐水湿；对土壤要求不严，以湿润、富含腐殖质的微酸性土壤为宜。多生长于潮湿地或沼泽地，土壤偏干也能正常生长，但影响开花，故花期需多浇水。冬天适宜较干燥的环境。露地栽培时，地上茎叶不完全枯死。

相似植物：花叶玉蝉花（*I. ensata* 'Variegata'），又叫银边玉蝉花，叶条形，边缘有黄白色纵纹。花莛圆柱形，花被管漏斗形，花深紫色。花期6—7月。

黄菖蒲（*I. pseudacorus*），植株高大，根茎短粗。叶子茂密，基生，绿色，长剑形，长60～100cm，中脉明显，具横向网状脉。花莛稍高出于叶，垂瓣上部长椭圆形，基部近等宽，具褐色斑纹或无，旗瓣淡黄色，直径8cm。花期5—6月。

溪荪（*I. sanguinea*），叶条形，中脉不明显。花莛光滑、实心，具1～2枚茎生叶；苞片3，膜质，绿色，内有2朵花；花天蓝色，外花被裂片基部有黑褐色的网纹及黄色斑纹，中央下陷呈沟状，无附属物，内花被裂片直立。花期5—6月。

花境应用：花姿绰约，花色典雅，性喜水湿，适合布置于水生鸢尾专类花境，或布置在池旁作滨水花境。

花菖蒲

花菖蒲

花菖蒲

花菖蒲

花菖蒲

花菖蒲

黄菖蒲

黄菖蒲

黄菖蒲

花叶玉蝉花

溪荪

63 蝴蝶花 *Iris japonica*

别名：日本鸢尾

科属：鸢尾科，鸢尾属

类别：多年生常绿花卉

原产与分布：原产中国长江流域及日本。

白蝴蝶花

性状特征：株高40cm。散生状，根茎浅生性。叶基生，套叠状排成二列，叶丛斜展；叶剑形，较软而短，中脉不显著，黄绿色，有光泽。花葶直立粗壮，多分枝，高出基生叶。聚伞花序顶生，着小花2～4朵，淡蓝色，外轮垂瓣边缘具波状锯齿，中部有橙色斑点及鸡冠状隆起。花期4—5月。

生态习性：喜半阴环境，忌阳光暴晒；耐寒，耐水湿。露地栽培，冬季地上茎、叶不完全枯黄。

相似植物：白蝴蝶花（*I. japonica* f. *pallescens*），花白色，其他同蝴蝶花。

马蔺（*I. lactea* var. *chinensis*），叶基生，坚韧，灰绿色，条形或狭剑形，顶端渐尖，基部鞘状，带红紫色，无明显的中脉。花葶高5～10cm，有花2～4朵；花浅蓝色、蓝色、蓝紫色；花直径5～6cm；花被裂片6，二轮排列，花被上有较深色的条纹。花期5—6月。

花境应用：可布置于水岸、池边、阴湿处、疏林下的花境中。

蝴蝶花　蝴蝶花

马蔺　马蔺

64 射干 *Belamcanda chinensis*

别名：金蝴蝶花

科属：鸢尾科，射干属

类别：多年生花卉

原产与分布：中国大部分地区均有分布。宁波野外有分布。

性状特征：株高0.5～1.2m。根状茎粗壮，地上茎直立。叶剑形，套叠状排成二列，扁平如扇，基部稍抱茎，无中脉；叶绿色，常带白粉。二歧状伞房花序顶生；花梗细长，花橙红色，散生暗红色斑点，直径3～5cm；花被6，分离，二轮，内轮3片较小，倒卵形或长椭圆形。花期6—8月。

生态习性：喜光；喜温暖的环境，耐寒；耐旱；对土壤要求不严，以地势较高、排水良好的砂质壤土为佳，忌低洼地和盐碱地；抗逆性强。

花境应用：绿叶期长，花形飘逸，适宜作花境中景或背景材料。片植、丛植，或与鸢尾科其他植物混合种植，也可与山石配植，景观效果更佳。

射干

射干

射干

射干

65 金叶石菖蒲 *Acorus gramineus* 'Ogan'

科属：天南星科，菖蒲属

类别：多年生常绿花卉

原产与分布：原产中国及日本。

性状特征：株高30～40cm，全株具香气。硬质的根状茎横走，多分枝。叶直立丛生，剑状条形，纤细，金黄色，二列状密生于短茎上，全缘，先端渐尖，有光泽，中脉不明显。肉穗花序，花小而密生，绿色。花期4—5月。

生态习性：喜阴凉湿润的环境，耐寒性强，性强健。

相似植物：金线石菖蒲（*A. gramineus* var. *pusillus*），株高30～50cm。具地下匍匐茎。叶线形，禾草状，叶缘及叶心有金黄色线条。肉穗花序圆柱状，花白色。花期2—4月。

花境应用：金叶石菖蒲植株低矮，叶色艳丽，株丛潇洒，颇为耐看，而且全株都带香味，可应用于观赏草花境，或作为其他花境的前景材料。

金叶石菖蒲

金叶石菖蒲

66 旱伞草 *Cyperus alternifolius*

别名：风车草、水竹

科属：莎草科，莎草属

类别：多年生常绿花卉

原产与分布：原产于非洲，广泛分布于森林、草原地区的大湖、河流边缘的沼泽中。中国各省均有栽培。

旱伞草

性状特征：株高0.4～1.6m。茎秆粗壮，直立生长，丛生，下部包于棕色叶鞘之中。叶状苞片非常显著，近等长，宽2～11mm，约20枚螺旋状生于茎顶，呈伞状。

生态习性：喜光，耐半阴；喜温暖湿润、通风良好的环境；适应性强，对土壤要求不严，以肥沃、湿润的土壤为佳，在长期积水地也能生长良好。陆地栽培稍加保护可以越冬，经霜后地上部分枯萎，翌年春天可重新萌发抽枝。

花境应用：株丛繁密，叶状苞片奇特，可作花境的背景材料。

旱伞草

旱伞草

三、球根花卉

紫叶酢浆草 *Oxalis triangularis* 'Urpurea'

别名：红叶酢浆草、紫三叶

科属：酢浆草科，酢浆草属

类别：常绿球根花卉

原产与分布：原产于热带美洲和非洲南部，现中国多地引种栽培。

性状特征：株高20～40cm。叶从茎顶长出，每一叶片又连接地下茎的每一个鳞片；三出掌状复叶，呈等腰三角形；叶正面玫红色，叶背面深红色。伞形花序，5～8朵簇生在花莛顶端；花瓣5，浅粉色。花期5—11月。叶及花对光敏感，一般白天展开，在强光及傍晚时下垂，三叶片紧紧相靠。

生态习性：喜光，亦耐半阴；喜温暖湿润的环境；较耐旱，忌积水；对土壤要求不严，喜富含腐殖质、排水良好的土壤。

相似植物：红花酢浆草（*O. corymbosa*），掌状三出复叶，小叶倒心形，绿色。花瓣内面粉红色，基部淡绿色，有红色条纹，外面白色，略带淡绿色。

多花酢浆草（*O. martiana*），花瓣内面紫红色，基部色较深，有深色条纹，外面粉白色或白色。

芙蓉酢浆草（*O. purpurea*），掌状三出复叶，小叶倒心形。花大，风车形，花色丰富，冠筒黄色。花期10月到翌年4月。夏季休眠。

花境应用：株丛密集、低矮，花姿柔美可爱，是优良的观叶观花植物，富有自然情趣，可作花境的前景材料，也可应用于岩石花境。

紫叶酢浆草

紫叶酢浆草

多花酢浆草

芙蓉酢浆草

红花酢浆草

红花酢浆草

多花酢浆草

2 大花葱 *Allium giganteum*

别名： 硕葱、吉安花
科属： 百合科，葱属
类别： 夏季休眠球根花卉
原产与分布： 原产亚洲中部。

性状特征： 株高50～100cm。叶色灰绿。花莛挺拔，从叶丛中抽出；伞形花序呈圆球形，小花星状、密集，花序直径10～15cm；花色有白、粉红、紫、黄等。花期5—7月。

生态习性： 喜光，稍耐阴；喜冷凉环境，较耐寒；忌高温多湿，忌积水；喜富含腐殖质、疏松和排水良好的砂质壤土。开花后，大花葱的叶片逐步枯萎，直至夏季休眠，只剩下地下球根。开花后及早去除花莛，使养分集中于母球，促进子鳞茎的发育。

大花葱

花境应用： 花色鲜艳、品种多，可在疏林、草坪等地布置春夏花境，亦可在岩石花境中应用。

大花葱

大花葱

大花葱

3 葡萄风信子 *Muscari botryoides*

别名： 蓝壶花

科属： 百合科，蓝壶花属

类别： 夏季休眠球根花卉

原产与分布： 原产欧洲中部的法国、德国及波兰南部，后引入中国华北地区，目前中国大部分地区均有栽培。

葡萄风信子

性状特征： 株高15～30cm，矮小丛生。叶基生，半圆柱状线形，肉质，暗绿色，边缘常内卷，长15～30cm，宽0.6cm左右。花莛直立，自叶丛中抽出，圆筒形，长15～20cm；顶端簇生14～25朵小球状花；花冠小坛状，顶端紧缩；花色有青紫、淡蓝、蓝紫色等，还有被白粉和重瓣品种。花期3—5月。

生态习性：喜光，耐半阴；喜温暖湿润环境，较耐寒；忌积水；喜疏松、肥沃、排水良好的砂质壤土。夏季，葡萄风信子处于休眠期，要停止施肥和控制浇水，以防根部腐烂。冬季要剪去地上部分，浇足水让其越冬。

花境应用：葡萄风信子花序犹如蓝紫色的葡萄串，非常秀丽高雅，花期早且开花时间较长，可用于早春花境，作花境的前景材料，或花境的镶边材料。

葡萄风信子

4 地中海蓝钟花 *Scilla peruviana*

科属：百合科，绵枣儿属

类别：夏季休眠球根花卉

原产与分布：原产葡萄牙、西班牙、意大利及非洲北部，现中国有引种栽培。

性状特征：株高15～30cm。叶披针形，5～15枚丛生于基部，平铺地面呈莲座状，开花之后逐渐竖起，绿色。圆锥状总状花序，50～100朵星状花组成球状，花平展；花蓝紫色，也有白色，直径1.5～2.5cm。花期春末夏初。

生态习性：喜温暖、湿润和阳光充足的环境，耐半阴；较耐寒，冬季能耐-5℃低温；耐旱；喜肥沃、疏松和排水良好的腐叶土或泥炭土。适应性强，适宜粗放养护。春季需施两次较浓的肥料，花谢叶枯后进入休眠。一般2～3年需分栽1次。

花境应用：植株低矮，花序大，花色淡雅，花姿优美，适宜作花境的前景材料，也可与岩石或其他百合科植物配植。

地中海蓝钟花

郁金香 *Tulipa gesneriana*

别名：洋荷花、旱荷花

科属：百合科，郁金香属

类别：夏季休眠球根花卉

原产与分布：原产伊朗以及土耳其高山地带、地中海沿岸和中国新疆等地区，现中国各地均有栽培，其中中国西北地区种植较多，如今栽植的均为杂交培育的栽培品种。

郁金香

郁金香

郁金香

性状特征：株高40～50cm。茎叶光滑具白粉，叶片披针形至卵圆披针形，中绿色。花莛长35～55cm；花大直立，单生茎顶，花瓣6，倒卵形；花形有杯形、碗形、卵形、球形、钟形、漏斗形、百合花形等，有单瓣也有重瓣；花色有白、粉红、洋红、紫、褐、黄、橙等，深浅不一，单色或复色。花期3—4月。

生态习性：长日照花卉，喜向阳、避风、冬季温暖湿润、夏季凉爽干燥的环境，不耐阴；耐寒性很强，可耐-5℃低温，但忌酷暑；忌积水和干旱；喜富含腐殖质、排水良好的砂质壤土，忌碱土和连作。

花境应用：植株气质高贵典雅，能增添欢快和热烈的气氛，适宜作花境的中前景材料，多品种成片种植效果更佳。

6 葱兰 *Zephyranthes candida*

别名：葱莲

科属：石蒜科，葱莲属

类别：常绿球根花卉

原产与分布：原产南美洲及西印度洋群岛，现中国各地均有栽培。

性状特征：株高20～30cm。叶基生，狭线形，深绿色。花莛自叶丛一侧抽生，较短，中空；花单生顶端，直径3～4cm，似番红花；花瓣6，椭圆状披针形，白色或外侧带点红色。花期8—11月。

生态习性：喜温暖、湿润和阳光充足的环境，亦耐半阴；较耐寒，冬季能耐－5℃低温；喜富含腐殖质、排水良好的砂质壤土。夏季高温时生长缓慢或进入半休眠的状态，注意遮阳。

相似植物：韭兰（*Z. grandiflora*），叶扁线形。花直径5～7cm，漏斗状，筒部显著，花瓣略弯垂，粉红色或玫瑰红色。花期6—9月。

花境应用：植株低矮整齐，花朵繁多，花期长，适宜作花境镶边材料，也可布置在林下半阴处作林缘花境或路缘花境。

葱兰

葱兰

韭兰

韭兰

石蒜 *Lycoris radiata*

别名：红花石蒜、波岸花

科属：石蒜科，石蒜属

类别：夏季休眠球根花卉

原产与分布：原产中国、日本，中国长江中下游及西南部分地区广泛分布。宁波本地有多种石蒜种类。

性状特征：株高30～50cm。秋冬季出叶，夏季叶片枯萎；叶狭带状（约1cm宽），深绿色，被白粉，中间有粉绿色带。花莛高30～50cm；伞形花序有花4～7朵，花鲜红色；花被裂片狭倒披针形，强度皱缩和反卷；花被筒绿色。花期8—10月。

生态习性：喜温暖、湿润和半阴环境；较耐寒，冬季能耐-5℃低温；耐干旱和强光；喜肥沃、排水良好的砂质壤土。夏季休眠。

相似植物：玫瑰石蒜（*L. rosea*），裂瓣反卷花型，花玫瑰红色，中度皱缩和反卷。秋出叶，带状，淡绿色，中间淡色带明显。花期9月。

忽地笑（*L. aurea*），株高60cm。大花型，伞形花序，顶生，漏斗状，花5～6朵，花鲜黄色或橙色，花被裂片背面具淡绿色中肋，强度皱缩和反卷（边缘波状）。秋出叶，叶细带状，粉绿色（中绿色），中间淡色带明显。花期8—9月。

中国石蒜（*L. chinensis*），大花型，花鲜黄色，花被裂片背面具淡黄色中肋，强度皱缩和反卷，春出叶。花期7—8月。

稻草石蒜（*L. straminea*），花稻草色（很淡的棕黄色或黄白色），花被裂片腹面散生少数粉红色条纹或者斑点，盛开时消失，强度皱缩和反卷。秋出叶。花期8月。

乳白石蒜（*L. albiflora*），花型属中等，花蕾桃红色，开放时奶黄色，渐变为乳白色，腹面散生少数粉红色条纹，背部具红色中肋，倒披针形，中度皱缩和反卷。春出叶。花期8—9月。

江苏石蒜（*L. houdyshelii*），花白色，花被裂片背面具绿色中肋，强度皱缩和反卷。秋出叶，带状，宽1.2～1.5cm。花期9月。

石蒜

石蒜

玫瑰石蒜

长筒石蒜（*L. longituba*），株高50～70cm，较大花型。伞形花序有花5～7朵，花白色，花被裂片腹面稍有淡红色条纹，顶端稍反卷，边缘不皱缩。花谢后不长叶。叶片阔线形，中绿色。花期7—8月。

黄长筒石蒜（*L. longituba* var. *flava*），花被片黄色，其他同长筒石蒜。

换锦花（*L. sprengeri*），花形杯状，中等花型，花淡紫红色，花被裂片顶端带蓝色，边缘不皱缩。花期8—9月。

红蓝石蒜（*L. haywardii*），花呈深粉红色，花瓣的尖端有蓝色的斑纹。

花境应用：夏秋红花怒放时，一片鲜红，引来群蝶飞舞，给人以美的享受，适宜作花境的镶边或前景材料，与山石配植或成片种植效果更佳。

忽地笑

江苏石蒜

稻草石蒜

换锦花

乳白石蒜

红蓝石蒜

黄长筒石蒜

中国石蒜

黄长筒石蒜

中国石蒜

长筒石蒜

8 百子莲 *Agapanthus africanus*

别名：紫君子兰、蓝花君子兰

科属：石蒜科，百子莲属

类别：常绿球根花卉

原产与分布：原产南非。

百子莲

性状特征：株高60～90cm。叶线状披针形，深绿色，近革质。花莛直立，高可达60cm；伞形花序，有花20～40朵，小花漏斗状，深蓝色或白色，有花叶品种。花期6—8月。

生态习性：喜温暖湿润和阳光充足的环境；忌强光，耐半阴；不耐寒，冬季温度不低于5℃；忌积水；喜肥沃、疏松和排水良好的砂质壤土。

花境应用：花形秀丽，可用于夏秋花境，作花境的前景或中景材料。

百子莲

百子莲

9 喇叭水仙 *Narcissus pseudonarcissus*

别名: 洋水仙、黄水仙

科属: 石蒜科，水仙属

类别: 夏季休眠球根花卉

原产与分布: 原产法国、西班牙、葡萄牙等地，现已全面引种至中国。

性状特征: 株高可达45cm。叶直立向上，宽线形，灰绿色。花莛高约30cm，顶生1花，花横向，花被片6，乳白色；副花冠短于花被或近等长，喇叭形，裂端褶皱，黄色。品种众多，在花色及副花冠颜色、单瓣及重瓣、多头、矮生等方面有差别。花期3—4月。

生态习性: 喜光，亦耐半阴；喜冬季湿润、夏季干热的生长环境；较耐寒，叶片生长期也能忍受0℃低温；喜土层深厚、肥沃、排水良好的微酸性砂质壤土。

花境应用: 花莛挺拔，花朵硕大，副花冠多变，花色温柔和谐，清香诱人，适宜作花境前景材料，与假山堆石或其他植物配植效果更佳，可在水池、溪流旁花境成片种植，使早春风光更加明媚动人。

喇叭水仙

喇叭水仙

喇叭水仙

喇叭水仙

喇叭水仙

10 紫娇花 *Tulbaghia violacea*

别名：野蒜、非洲小百合

科属：石蒜科，紫娇花属

类别：常绿球根花卉

原产与分布：原产非洲南部，现中国多地都有栽培。

性状特征：株高45～60cm。叶狭长线形，先端渐尖，基部鞘状、抱茎，亮绿色。聚伞花序，花莛细长，着花10朵左右；花粉紫色。花期5—7月。

生态习性：喜高温、湿润和阳光充足的环境，较耐阴，忌强光暴晒；不耐严寒，冬季温度不得低于5℃；耐干旱；喜肥沃、疏松和排水良好的砂质壤土。开花后生长缓慢，进入半休眠状态。

相似植物：花叶紫娇花（*T. violacea* 'Silver Lace'），亦称银色花边紫娇花，叶片边缘有银白色边。

花境应用：花期长，花色淡雅，适宜作花境前景或镶边材料。

紫娇花

紫娇花

紫娇花花序

紫娇花

花叶紫娇花

11 火星花 *Crocosmia crocosmiiflora*

别名：雄黄兰、射干菖蒲

科属：鸢尾科，雄黄兰属

类别：冬季休眠球根花卉

原产与分布：原产南非，现中国南方地区可露地栽培。

性状特征：株高50～60cm。叶片线状，剑形，淡绿色。花序呈拱形，从葱绿的叶丛中抽出；花多数，排列成复圆锥花序，花红橙色、橙色或黄色。花期6—7月。

生态习性：喜温暖、湿润和阳光充足的环境，亦耐半阴；较耐寒，冬季能耐-15℃低温，栽培品种耐-5℃低温；耐干旱；喜肥沃、疏松和排水良好的砂质壤土。12月茎叶逐渐枯萎越冬。

花境应用：花色艳丽，仲夏时花开不绝，可用作夏季花境，适宜作花境的中景材料。

火星花

火星花

火星花

12 姜花 *Hedychium coronarium*

别名：蝴蝶花、白草、蝴蝶姜、白蝴蝶花

科属：姜科，姜花属

类别：冬季休眠球根花卉

原产与分布：原产印度和马来西亚等亚洲热带地区，大概在清朝传入中国，现主要分布于中国南部、西南部。

性状特征：株高1～2m。叶长圆状披针形或披针形，先端长渐尖，基部急尖，叶面光滑，叶背被短柔毛，无柄。穗状花序顶生，有大型的苞片保护，卵圆形，每一花序通常会绽开

10～15朵花，呈覆瓦状排列；花萼管状，先端一侧开裂；花冠筒纤细，花直径约8cm，白色，裂片披针形，侧生退化的雄蕊白色，长圆状披针形，唇瓣倒心形，白色或基部稍黄，顶端2裂。花期8—12月。

生态习性：喜半阳环境，稍遮阳对植株生长较好；喜温暖湿润的环境，能耐夏季的高温，不耐寒，冬季温度低于0℃时，叶片稍受冻害，但地上部分仍不枯萎；抗旱能力差；适宜肥沃、保湿力强的微酸性土壤；抗逆性强。在宁波冬季地上部分枯萎，地下姜块休眠越冬。

花境应用：植株挺拔，花如翩翩白蝴蝶，花香怡人，适宜作花境背景材料或连片种植。因其喜温暖潮湿的环境，特别适宜布置在湖畔边的花境。

姜花

姜花

姜花

13 大花美人蕉 *Canna generalis*

别名：美人蕉、兰蕉、红艳蕉

科属：美人蕉科，美人蕉属

类别：冬季休眠球根花卉

原产与分布：原产美洲热带地区，园艺杂交品种多，中国各地常见栽培。

性状特征：株高1.2～1.5m。叶大型，长阔卵圆形，有深绿、棕色或紫色，也有黄绿镶嵌或红绿镶嵌的花叶品种；叶柄鞘状。顶生总状花序，常数朵至十数朵簇生在一起；萼片3枚，绿色，较小；花被片3，柔软，基部直立，先端向外翻；花直径较大，可达12cm；花色丰富，有乳白、米黄、亮黄、橙黄、橘红、粉红、大红、红紫等多种颜色，并有复色斑纹；花心处的雄蕊多瓣化而成花瓣，其中一枚常外翻

黄花美人蕉

成舌状，其他的呈旋卷状，基部有红色斑点，中部以上常具彩色条纹或彩色镶边。花期6—10月。

生态习性：喜温暖、湿润和阳光充足的环境；不耐寒，冬季温度不低于5℃，长江中下游地区冬季地上部分枯萎，地下根茎可露地越冬；耐湿，怕积水和强风；喜土层深厚、肥沃和排水良好的砂质壤土。

相似植物：美人蕉（*C. indica*），高可达1.5m，全株绿色无毛，被蜡质白粉。花冠大多红色。花果期3—12月。

黄花美人蕉（*C. indica* var. *flava*），美人蕉变种，花冠、退化雄蕊杏黄色。

紫叶美人蕉（*C. warscewiezii*），茎粗壮，紫红色，被蜡质白粉。叶片卵形或卵状长圆形，暗绿色，边缘、叶脉多少染紫或古铜色。花红色。

‘黄脉’美人蕉（*C.* × *generalis* ‘Striata’），又叫金叶美人蕉。株高1～1.5m。茎叶具白粉，淡绿色至黄绿色，具亮黄色脉纹。总状花序似唐菖蒲，花橙色，直径8cm。花期6—10月。

红花美人蕉（*C. coccinea*），花冠裂片披针形，花较小，红色，单生。

‘火焰’美人蕉（*C.* × *generalis* ‘Pink Sunburst’），叶具红、黄、粉、金多色条纹。

花境应用：叶碧绿青翠，开花时光彩明亮，对比强烈又和谐悦目，常作花境背景或主景材料。耐水湿，特别适宜水边花境布置。

大花美人蕉

黄花美人蕉

大花美人蕉

紫叶美人蕉

大花美人蕉

‘火焰’美人蕉

‘黄脉’美人蕉

大花美人蕉

大花美人蕉

14 白及 *Bletilla striata*

别名：白芨

科属：兰科，白及属

类别：常绿球根花卉

原产与分布：主要分布于中国、日本以及缅甸北部。宁波野外偶有分布。

性状特征：株高30～80cm。具扁球形假鳞茎，外有荸荠样环纹。叶4～5枚，带状披针形至长椭圆形，先端渐尖，基部下延成长鞘状抱茎，多平行纵褶。总状花序顶生，着花4～10朵；花紫红色或玫瑰红色，花被片6，不整齐。花期4—5月。

生态习性：喜半阴，忌强光，向阳地也可栽培；喜凉爽湿润的环境，稍耐寒，不耐干旱和高温；喜疏松肥沃、排水良好的土壤。

花境应用：绿叶期长，花形飘逸，适宜作花境背景材料，丛植、片植或混合种植效果较好，也可布置岩石花境。

白及

白及

白及

四、观赏草

玉带草 *Phalaris arundinacea* var. *picta*

别名：花叶虉草、吉祥草、瑞草、观音草、松寿兰

科属：禾本科，虉草属

类别：常绿观赏草

原产与分布：原产地中海一带，现中国华北、华中、华南、华东及东北地区已广泛种植。

性状特征：株高1～3 m。地上茎挺直，茎部粗壮近木质化，有节间，似竹。叶互生，排成二列，弯垂；叶片宽条形，抱茎，边缘具浅黄色条纹或白色条纹，宽1～3.5 cm。圆锥花序长10～40 cm，形似毛帚。

生态习性：喜光；喜温暖湿润环境，较耐寒，南方无需保护越冬；耐湿，喜湿润肥沃土壤；耐盐碱。栽培管理非常粗放。

花境应用：因其叶扁平、线形、绿色，具白色条纹，质地柔软，形似玉带，故得名。可应用于路缘花境或滨水花境，在滨水花境中可用作背景材料。

玉带草

玉带草

小盼草 *Chasmanthium latifolium*

别名：凌风草

科属：禾本科，北美穗草属

类别：半常绿观赏草

原产与分布：原产美国和墨西哥，近年来我国多地引入种植。

性状特征：株高30～50 cm，暖季型，株丛矮小紧凑，直立丛生。叶扁平，质薄，边缘微粗糙，叶鞘平滑无毛，与叶片无鲜明界限。风铃状花穗花序，小穗柄细弱，悬垂于纤细的茎秆顶端，突出于叶丛之上，仲夏抽穗；花序初时淡绿色，秋季变为棕红色，最后变为米色；花序宿存，冬季不落。花期7—10月。

生态习性：喜光，耐半阴，在全光照下植株直立，遮阳环境下株丛松散；耐寒；耐旱；对土壤要求不严。冬季休眠。

花境应用：株丛紧凑，花序形状奇特，似风铃状，清风吹来，如串串风铃随风摇摆，煞是惹人爱。适宜在花境中丛植，作为视线焦点。

小盼草

小盼草

小盼草

小盼草

3 狼尾草 *Pennisetum alopecuroides*

别名：大狗尾草、戾草、光明草、稂、童梁、孟、狼尾等

科属：禾本科，狼尾草属

类别：冬季休眠观赏草

原产与分布：原产中国、日本等东亚地区，宁波野外有分布。

狼尾草

性状特征：株高60～100cm。茎秆直立，丛生，粗糙坚韧，株丛丰满。叶片条形，长15～50cm，宽2～6mm，初期浅绿色，夏季深绿色，叶片正面有光泽，秋季变为棕黄色。穗状圆锥花序，颜色变化大，初期为淡绿或淡黄色，后变为棕红色至紫红色，引人注目。花期7—10月。

生态习性：喜光，耐轻度遮阳；非常耐寒；耐旱，对土壤适应性广；抗逆性强，病虫害少，不需要使用农药。

相似植物：'小兔子'狼尾草（*P. alopecuroides* 'Little Bunny'），也称'小布尼'狼尾草。株高15～30cm，是最低矮的观赏狼尾草，株丛矮小紧凑，冬季休眠。叶片在初秋有黄褐色条斑纹，晚秋变为褐色。花序白色，形似小兔子毛茸茸的耳朵，非常可爱，花黄色。花期7—9月，穗期8—12月。喜半阴至全日照，长期生长在阴暗处将不开花。耐干旱，耐贫瘠。

粉穗狼尾草（*P. alopecu-*

roides var. *viridescens*)，株高30～60cm，冬季休眠，叶嫩绿色，线形。穗状圆锥花序，呈粉色，花期7—10月，穗期8—11月，抽穗结束后可以适当修剪后再次抽穗。喜光，耐高温，耐旱，耐贫瘠。

紫叶狼尾草（*P. setaceum* 'Rubrum'），又叫红狼尾草、紫梦狼尾草、红宝石狼尾草。株高1～2m，冬季休眠。株丛较松散，花叶均具极高的观赏性。叶片线形，先端长渐尖，紫红色。花序形似狼尾状，呈深红色，花期7—10月，花序观赏性能保持至晚秋或初冬。喜阳，不耐荫蔽；不耐寒，宁波地区不能安全越冬；耐干旱；耐贫瘠，对土壤要求不严。

东方狼尾草（*P. orientale*），株高40～70cm，暖季型，丛生。穗状圆锥花序，粉白色。花期6—10月。

'大布尼'狼尾草（*P. orientale* 'Tall'），植株高0.6～1.5m。叶嫩绿色，线形。花序形似狼尾状，呈浅粉白色，花穗细腻。花期6—10月，穗期8—12月。适应性强，喜光，耐半阴，耐寒。

羽绒狼尾草（*P. setaceum* 'Rueppelii'），株高1.2～1.7m，暖季型，丛生。穗状圆锥花序，花序较长，形似羽毛状，呈浅红色。花期6—9月。喜光，不耐荫蔽；耐高温，耐寒性差，江苏、浙江、上海地区冬季室外不能越冬；耐旱；耐贫瘠。

长柔毛狼尾草（*P. villosum*），植株低矮，茎秆疏散柔软，穗状花序纯白色，产于非洲东北部山区。

'矮株'狼尾草

'大布尼'狼尾草

'小兔子'狼尾草

'小兔子'狼尾草

东方狼尾草

粉穗狼尾草

花境应用：喷泉状花序非常吸引人，常在花境中作点缀植物，也适宜丛植或成片种植，营造野趣花境。

紫叶狼尾草

紫叶狼尾草

羽绒狼尾草

长柔毛狼尾草

4 紫御谷 *Pennisetum glaucum* ‘Purple Majesty’

别名：观赏谷子‘紫威’

科属：禾本科，狼尾草属

类别：一年生观赏草

原产与分布：人工选育的杂交种。

紫御谷

性状特征：株高1～1.5m。茎秆直立，单生或2～3个茎丛生。叶片平滑，长15～30cm，似玉米叶片。圆锥花序，圆柱形，长20～30cm，主轴粗壮，硬直；花红紫色。花期7—10月。

生态习性：喜光，幼苗初期绿色，经阳光照射后，很快变为紫红色。在光照充足条件下，叶片紫红色变深，叶片变窄，而在遮阳条件下，植株的紫红色变淡，绿色增强，叶片变宽。耐高温和干旱，在排水条件良好的土壤中生长迅速。适应性强，栽培容易。

相似植物：'翡翠公主'观赏谷子（*P. glaucum* 'Jade Princess'），叶片呈翡翠的暗绿色，花穗形态较为松散，颜色为粉色及淡紫色，在随风摇曳之时颇像婀娜多姿的公主。

花境应用：植株粗壮挺拔，具有独特的深紫色。在花境中适宜丛植作点缀，也可与假山石或园林小品搭配栽植，丰富花境景观。

'翡翠公主'观赏谷子

'翡翠公主'观赏谷子

紫御谷

5 花叶芦竹 *Arundo donax* var. *versicolor*

别名：斑叶芦竹、彩叶芦竹

科属：禾本科，芦竹属

类别：常绿观赏草

原产与分布：亚洲、非洲及大洋洲热带地区广泛分布。

性状特征：株高1.5～2m。茎秆高大挺拔，有节间，形状似竹。叶片扁平，叶面与边缘微粗糙，基部白色，抱茎；在早春或秋季温度较低、光线强度较弱的条件下，叶片上有淡黄色平行于叶脉的条纹，随着温度升高和光照增强后，叶片上条纹变绿，盛夏新生叶则为绿色。

生态习性：喜光，忌强光直射；喜温暖湿润的环境，较耐寒；不耐干旱；喜肥沃、疏松和排水良好的微酸性砂质土壤。可适应粗放型养护，注意夏季遮阳。

花叶芦竹

花境应用：叶色变化丰富，是园林中优良的观叶植物，常群植作为花境的背景材料，也可丛植作为主景材料。因其耐水湿，特别适宜水边花境。

花叶芦竹

6 粉黛乱子草 *Muhlenbergia capillaris* 'Regal Mist'

别名：毛芒乱子草　　**类别**：冬季休眠观赏草

科属：禾本科，乱子草属　　**原产与分布**：原产美国。

性状特征：株高可达30～90cm，宽可达60～90cm，暖季型。冬季休眠，夏季为主要生长季，全株绿色。花穗云雾状。开花时，绿叶为底，粉紫色花穗如发丝从基部长出，远看如红色云雾；花序盛开时为粉红色，也有近白色品种，丛植或大片种植都极具美感。此外，叶和花序会随季节变色，叶片在一年大部分时间里为绿色，到冬天略带古铜色；花序在秋季初生时为粉红色，到冬季逐渐转为黄色。花期8月下旬至11月中旬。

生态习性：喜光，耐半阴；生长适应性强，耐水湿，耐干旱，耐盐碱，在沙土、壤土、黏土中均可生长。

花境应用：一年中有三种季相，即春夏的绿叶季相、秋季的绿叶粉红花序季相、冬季的褐绿叶黄色果序季相，是一种能够突出园艺造景季节感的植物。在花境应用中，可单片种植，也可与其他品种观赏草混合片植，组团栽培或单体栽培。其细密的质感、明亮的色彩可以与秋季绚烂的叶色相得益彰。

粉黛乱子草

粉黛乱子草

粉黛乱子草

斑叶芒 *Miscanthus sinensis* 'Zebrinus'

别名：老虎草、斑马草

科属：禾本科，芒属

类别：冬季休眠观赏草

原产与分布：为芒的园艺品种。

性状特征：株高1.2～1.8m，盛花期高达2.4m。秆丛生，直立。叶具黄白色环状斑，叶背疏生柔毛并被白粉。顶生圆锥花序，花色由最初的粉红色渐变为红色，秋季转为银白色。花期9—10月，挂穗期可至翌年1月。

生态习性：喜光，耐半阴；喜潮湿、肥沃的土壤；性强健，抗性强。叶上斑纹的产生受温度的影响，早春气温较低的条件下往往没有斑纹，夏季高温下斑纹减弱以至枯黄。植株生长力强，分生能力较强，开花后要对其整株进行修整，以保持植株美观。生长后期，株丛易松散，需要固定支撑。

相似植物：细叶芒（*M. sinensis* 'Gracilimus'），叶片直立、纤细，顶端呈弓形，具有柔感，富浪漫气质。

花叶芒（*M.sinensis* 'Variegatus'），又叫银边芒。株高60～100cm，丛生，暖季型。与斑叶芒形态习性相似，但叶片浅绿色，有平行于叶脉的奶白色或金黄色纵纹，条纹与叶片等长；叶片呈拱形向地面弯曲，使全株呈喷泉状，叶片长60～90cm。圆锥花序，花序深粉色，花序高于植株20～60cm。花期9—10月。

晨光芒（*M. sinensis* 'Morning Light'），丛生，植株较一般芒草矮，高50～80cm，叶直立、狭细，叶缘白色，顶端呈弓形。圆锥花序，初期粉红色，展开后银白色。花期8—10月。适应性强，全光照至轻度遮阳下均长势良好；耐旱，耐水湿。生长速度是芒属里数一数二的慢，不过一旦成型，观赏价值在芒属里是最好的。

芒（*M. sinensis*），株高1～1.3m，秆直立，稍粗壮，无毛，节间有白粉。叶片长条形，长20～50cm，宽1～1.5cm，下面疏被柔毛并有白粉。圆锥花序扇形，长10～40cm，白色至黄褐色。花期7—9月。

芒

斑叶芒

斑叶芒

斑叶芒

斑叶芒

斑叶芒

芒

花境应用：叶片带状，自然拱形弯曲，色彩鲜明，四季皆可观赏。其中最佳观赏期在4—6月，黄白色不规则横向条纹明显，进入高温天气后，斑点会退化。8—10月进入花期，圆锥花序初期粉红色，展开后白色，非常美观，极具观赏价值。由于株型独特，特别适宜用在水岸花境或岩石花境中，花境中常丛植，起衬托点缀的作用，也可作为视觉焦点，布置成秋冬花境的主景；还可以作花境背景或中景材料，适宜少量点缀在绿色背景的花境中，使花境前后形成有效衔接，过渡更加自然。

芒

8 荻 *Miscanthus sacchariflorus*

别名：荻草、荻子、霸土剑

科属：禾本科，芒属

类别：冬季休眠观赏草

原产与分布：广泛分布于温带地区，中国是荻草的分布中心，在东北、西北、华北地区及华东地区均有分布，资源十分丰富，尤其以长江流域及以南地区分布最为广泛。日本、朝鲜、西伯利亚及乌苏里江流域也有分布。

性状特征：株高1～1.5m。秆直立，具10多节，节生柔毛。叶片扁平，宽线形，边缘锯齿状，粗糙，基部常收缩成柄，顶端长渐尖，中脉白色，粗壮。圆锥花序疏展成扇形，较芒的花序更细长，高高直立于叶丛顶端，开花初期花序紧实，银白色，后开放蓬松，柔软。花期8—9月，宿存花序可持续到冬季。

生态习性：喜温暖湿润的环境；对土壤要求不高，耐瘠薄。适宜粗放养护。

花境应用：植株高大，可大范围片植以营造连绵壮观的野趣花境，也可与其他芒类植物及石材配植，还可布置于滨水花境。

荻

9 矮蒲苇 *Cortaderia selloana* 'Pumila'

别名：白银芦

科属：禾本科，蒲苇属

类别：常绿观赏草

原产与分布：国外栽培品种，现中国已有引种。

性状特征：株高0.9～1.2m，国外著名的观赏草。秆高大粗壮，丛生。叶聚生于基部，长而狭，边缘有细齿，呈灰绿色。圆锥花序大而稠密，长50～100cm，雌花序银白色至粉红色，羽毛状，具光泽。花期9—10月，观赏性可保持至翌年春季。

生态习性：喜光；喜温暖湿润环境；极耐寒；湿地旱地均可生长，可短期淹水，耐旱能力亦强；性强健，耐瘠薄，对土壤要求不严；耐粗放养护。种植在光线充足之处，植株生长健壮，叶片色泽亮丽，开花繁茂。

矮蒲苇

相似植物：蒲苇（*C. selloana*），体量较大，花穗稍长而稀疏。

花叶蒲苇（*C. selloana* 'Silver Comet'），株高0.5～1.2m。叶带白色条纹，聚生于基部，边有细齿。圆锥花序，羽毛状，粉红至银白色。花期为夏季。

花境应用：蒲苇具有优良的生态适应性和观赏价值，是目前应用较为广泛的观赏草之一。成片种植于滨水绿化带用作花境背景，其翠绿的叶色、银白色的花序能营造出富有特色的景观，可形成秋季花境的主景，也可与其他观赏草配植形成观赏草花境。

矮蒲苇

花叶蒲苇

蒲苇

蒲苇

蒲苇

蒲苇

10 金色箱根草 *Hakonechloa macra* 'Aureola'

科属：禾本科，箱根草属

类别：冬季休眠观赏草

原产与分布：箱根草的园艺变种。

性状特征：株高35～60cm。叶片具有平行于叶脉的金黄色条纹，占据了叶片大部分，只有很小一部分保留绿色。叶色受环境影响较大，在深度遮阳条件下，条纹颜色变浅，呈淡绿色；在光照强和高温条件下，条纹呈鲜艳的金黄色；在光照弱和低温条件下，条纹呈乳白色；在早春和初秋低温条件下，整个植株变为粉红色，鲜艳明快，美丽动人。

生态习性：喜冷凉湿润的环境，高温干燥地区种植要有遮阳保护；喜富含腐殖质、排水良好的土壤。

相似植物：箱根草（*H. macra*），株高1～2.5m。秆丛生，直径约5mm，中空。叶片线形，直伸，扁平，下部对折，长30～70cm，宽5～10mm，无毛，边缘粗糙，顶生叶片较小。适宜半阴半阳的环境；积水或湿度太大易感病，较耐旱；土壤要求肥沃，中性或微酸性；适应性比较广，极端高温环境中无法良好生长。冬季地上部分变成棕色，枯萎。

花境应用：叶色变化丰富，有淡绿色、粉红色、金黄色和乳白条纹等变化，多丛植，可作花境镶边材料，或布置于岩石花境。

金色箱根草

11 柳枝稷 *Panicum virgatum*

科属：禾本科，黍属

类别：常绿观赏草

原产与分布：分布于美国得克萨斯州草原地区至加拿大。

柳枝稷

柳枝稷

性状特征：株高1～2m，大部分丛生，但也有一些蔓生扩展。茎秆质地较坚硬，直立。叶深绿色，也有类粉蓝色，到秋季叶色变为金黄色至酒红色。圆锥花序开展，疏生小枝与小穗；花色初期淡粉色，后期变为黄色。花果期7—9月。

生态习性：喜光，短日照植物；耐寒性强；极耐旱，耐排水不良的土壤，耐瘠薄。生长迅速，易于存活。对重金属土壤有一定修复能力。

肥水不宜过大，否则容易徒长，也很容易倒伏，种植时要密植。

相似植物：'重金属'柳枝稷（*P. virgatum* 'Heavy Mental'），花序婆娑状，花期为春秋季。耐旱。

花境应用：植株高大，色彩丰富，可孤植、丛植、混合配植组成花境，丰富群落色彩，适宜作路缘花境，还可片植作花境背景。冬季不倒伏，是很好的冬季观赏花境的植物材料。

'重金属'柳枝稷

'重金属'柳枝稷

'重金属'柳枝稷

12 蓝羊茅 *Festuca ovina* var. *glauca*

科属：禾本科，羊茅属

类别：常绿观赏草

原产与分布：原种产于中国广西、四川、贵州，现应用的多为园艺栽培品种。

性状特征：株高40cm左右，冠幅40cm。茎秆密集丛生，直立平滑，高出叶丛。叶片强内卷呈针状，具银白色霜，呈银蓝色。圆锥花序长5～15cm，细弱，常偏于一侧，抽出后很快变为枯黄色。花期5—6月。

生态习性：喜光，全日照或部分荫蔽条件下长势良好；喜冷凉干燥环境；极耐寒，可耐-35℃低温；耐热性差，注意夏季降温；忌低洼积水；耐贫瘠，不择土壤，中性或弱

蓝羊茅

酸性疏松土壤长势最好；稍耐盐碱。

相似植物：‘埃丽’蓝羊茅（*F. ovina*‘Elijah Blue’），叶色最蓝。

‘迷你’蓝羊茅（*F. ovina*‘Minima’），株高仅10cm。

‘蓝灰’蓝羊茅（*F. ovina*‘Caesia’），与‘埃丽’蓝羊茅相似，株高30cm，但是叶子更细一些。

‘铜之蓝’蓝羊茅（*F. ovina*‘Azurit’），株高30cm，偏于蓝色，银色较少。

‘哈尔茨’蓝羊茅（*F. ovina*‘Harz’），呈现深暗的蓝色，可用于不同蓝色的深浅对比。

‘米尔布’蓝羊茅（*F. ovina*‘Meerblau’），叶片蓝绿色，长势强健。

蓝滨麦（*Leymus condensatus*），株高60～80cm。叶片呈蓝色。花棕色，雄蕊黄色，花期8月到翌年2月。蓝滨麦对温度要求不高，适应性强。喜光，种植环境最好为全阳环境，在20～40℃范围内，温度越高、光照越强，其叶片的蓝色越深，而在半阴条件下长势较弱；耐旱，喜偏旱或中等土壤状态，土壤介质可以是干土、浅层岩质土、旱地等。抗逆性强，抗空气污染和病虫害能力强。

花境应用：植株低矮密集，叶蓝灰色或蓝绿色，适宜作花境镶边材料，可用于岩石花境、旱溪花境。

蓝羊茅

蓝滨麦

蓝滨麦

蓝羊茅

蓝滨麦

13 细茎针茅 *Stipa lessingiana*

别名：墨西哥羽毛草

科属：禾本科，针茅属

类别：常绿观赏草

原产与分布：分布于中国新疆的天山北坡，俄罗斯的西伯利亚地区，中亚也有分布。

细茎针茅

细茎针茅

性状特征：株高30～60cm，须根坚韧，茎秆平滑无毛，具2～3节，基部宿存枯叶鞘。叶片细长，纤细柔美似茸毛，弧形弯曲呈喷泉状。圆锥花序开展，具毛状分枝，不脱落，具芒；芒长5～10cm，随风飘舞，轻柔飘逸；花序初期银白色，后逐渐变为草黄色，可以保持到冬季。花期6—9月。

生态习性：喜光，稍耐阴，喜冷凉环境；耐旱，在干燥、排水良好的土壤中生长茂盛。

花境应用：质地细腻，色彩明丽，常丛植与其他植物组成花境，衔接自然。也可成片种植，构成野趣花境。

细茎针茅

14 血草 *Imperata cylindrica* ‘Red baron’

别名：日本血草

科属：禾本科，白茅属

类别：冬季休眠观赏草

原产与分布：原产日本、朝鲜和中国，中国各地广泛栽培。

血草

血草

性状特征：株高30～50cm。秆直立，含红色汁液。叶丛生，剑形，直立向上，新生叶基部绿色、顶部红色，随着时间的增长，红色逐渐向基部扩展，也逐渐变深，到秋季叶片的红色非常鲜艳、醒目。圆锥花序顶生，紧密狭窄呈穗状，小穗银白色。花期4—5月。

生态习性：喜光，稍耐阴；耐寒；耐旱；在湿润、肥沃的土壤中生长茂盛，一旦定植形成稳定群落后，抗逆性大大提高；耐粗放管理。冬季植株枯萎后，需将地上部分剪除，只留地下根茎越冬。

花境应用：植株直立，叶色鲜艳，是一种优良的彩叶观赏草，在花境中常丛植作点缀植物，或与假山石搭配种植，也可片植，营造野趣花境。

15 花叶水葱 *Scirpus validus* ‘Zebrinus’

科属：莎草科，藨草属

类别：冬季休眠观赏草

原产与分布：原产北美，中国于20世纪60年代初引种栽培。

花叶水葱

性状特征：株高1～2m，植株丛生。茎秆直立，圆柱形，深绿色。叶绿色，线形，上面有鲜明的乳白色横向条带。圆锥状花序假侧生，花序似顶生。花果期6—9月。

生态习性：喜光，充足光照下色彩鲜艳；喜温暖湿润的环境；在肥沃、湿润的土壤中生长茂盛。冬季可剪除地上部分，留根部在土壤中越冬。

相似植物：水葱（*S. validus*），匍匐根状茎粗壮，具许多须根。秆高大，圆柱状，最上面一个叶鞘具叶片，叶片线形。花果期6—9月。

花境应用：叶色白绿相间，飘洒俊逸，观赏价值尤胜于绿叶水葱。因其耐水湿，适宜作滨水花境。

水葱

水葱

16 金叶薹草 *Carex oshimensis* 'Evergold'

科属：莎草科，薹草属

类别：常绿观赏草

原产与分布：薹草的园艺品种。

性状特征：株高20cm，植株丛生状。叶长披针形，狭长，叶片两侧为绿边，中央有黄色纵条纹。穗状花序。花期4—5月。

生态习性：喜温暖湿润和阳光充足的环境，耐半阴；有一定的耐寒性，可露地越冬；生长期保持土壤湿润，但要避免积水，否则易造成烂根；适应性强，耐瘠薄，对土壤要求不严，一般不必另外施肥。

相似植物：棕红薹草（*C. buchananii*），株高30～50cm。叶质地粗糙，丝状，顶端卷曲；宽4mm左右；叶色棕红色，阳光下色泽更加亮丽。

棕叶薹草（*C. kucyniakii*），株高25～35cm。秆疏丛生，纤细，粗2～2.5mm；叶近直立，宽4～10mm，一年四季叶片均呈铜褐色。对土壤要求不高，耐盐碱，耐-15℃低温。

细叶薹草（*C. stenophylla*），叶片纤细，宽0.5～1.5mm。

披针叶薹草（*C. lanceolata*），株高10～35cm，根状茎粗短。秆扁三棱形，基部叶鞘深褐色，细裂成丝网状。叶片质软，扁平，直立，宽1.5～2mm。5—6月于丛叶间抽出茎秆并开花，6—7月籽

金叶薹草

实成熟。耐寒、耐热、耐瘠薄能力均较强。

花境应用：植株生长密集，叶色优美，具有很好的覆盖性，是优良的观叶植物。常成片种植作花境的镶边材料，也可与置石配植，还可用于岩石花境。

披针叶薹草

细叶薹草

披针叶薹草

棕红薹草

金叶薹草

五、藤本植物

千叶兰 *Muehlenbeckia complexa*

别名：千叶草、千叶吊兰、铁线兰
类别：多年生常绿匍匐草质藤本
科属：蓼科，千叶兰属
原产与分布：原产新西兰。

性状特征：嫩茎纤细，近似于发丝，呈红褐色，下部枝干棕黑褐色。小叶互生，叶片椭圆形或近圆形，叶面有光泽。植株匍匐丛生或呈悬垂状生长，株型饱满，枝叶婆娑，具有较高的观赏价值。

生态习性：生性强健，喜温暖湿润的环境，在阳光充足和半阴处均能正常生长；具有较强的耐寒性，冬季可耐0℃左右的低温，但应避免雪、霜直接落在植株上。冬季要减少浇水，若根部泡在水中，会造成烂根，使植株受损。生长期应保持土壤和空气湿润，避免过于干燥，以免造成叶片枯干脱落。

花境应用：可配植于岩石花境中，种植于岩石坑洞内，任其自然垂于岩下。

千叶兰

千叶兰

千叶兰

2 铁线莲 *Clematis* spp.

别名：番莲、金包银、山木通
科属：毛茛科，铁线莲属
类别：多年生落叶或常绿草质或木质藤本
原产与分布：原产中国广大地区，分布于广西、广东、湖南、江西、浙江等地。

性状特征：株长1～2m。茎棕色或紫红色，具纵纹。一回或二回三出复叶，小叶狭卵形至披针形，顶端钝尖，基部圆形或阔楔形，边缘全缘，极稀有分裂。聚伞花序或单花腋生，花朵大；萼片6，花瓣状，平展；花色有蓝、红、粉红、紫、玫红及白色等，有香味。花期4—6月。

生态习性：喜半阴；耐寒性强；忌积水，忌夏季干旱；喜肥沃、疏松、排水良好的中性或微碱性土壤。高温季要注意采取降温措施，土壤不能过干或过湿，一般在生长期每隔3～4天浇一次透水。修枝一般一年一次，要在花期过后进行，但不能剪掉已木质化的枝条。

相似植物：重瓣铁线莲（*C. florida* var. *plena*），雄蕊全部特化成花瓣状。

大花铁线莲（*C. patens*），花大，直径可达10cm以上。

毛叶铁线莲（*C. lanuginosa*），木质攀缘藤本。常单叶对生，叶面被稀疏淡黄色茸毛。花大，淡紫色。

威灵仙（*C. chinensis*），又叫铁脚威灵仙。全株暗绿色，干后变黑色。圆锥花序顶生或腋生，花繁多，白色，较小。

女萎（*C. apiifolia*），木质藤本。三出复叶，枝叶连同花密生或疏生短柔毛。花多，白色。

辣蓼铁线莲（*C. terniflora* var. *mandshurica*），铁线莲属圆锥铁线莲的变种，木质藤本。一回羽状复叶，小叶片卵形、长卵形或披针状卵形，顶端渐尖或锐尖，上面无毛，网脉明显，下面近无毛。圆锥状聚伞花序腋生或顶生，花序较长而挺直，萼片外面除边缘有茸毛外，其余无毛或稍有短柔毛；多花，白色，狭倒卵形或长圆形，顶端锐尖或钝。花期6—8月。

棉团铁线莲（*C. hexapetala*），直立草本，株高30～100cm。茎上有纵棱，疏生短毛。羽状复叶对生，中部及下部的小叶常羽状全裂，小叶或全裂片革质，通常条形。聚伞花序腋生或顶生，通常具3朵花，苞片条状披针形，花梗有伸展的柔毛；萼片6，白色，外面有白色柔毛，无花瓣。瘦果倒卵形、扁，有紧贴的柔毛，羽毛状花柱长达2cm。花期6—8月，果期7—10月。

单叶铁线莲（*C. henryi*），又

大花铁线莲

大花铁线莲

大花铁线莲

大花铁线莲

名雪里开。常绿攀缘木质藤本。单叶对生，叶片卵状披针形，顶端渐尖，基部浅心形，边缘具刺头状浅齿，两面无毛或背面仅叶脉上幼时被紧贴的茸毛，基出脉3～5，叶柄长2～6cm。聚伞花序腋生，常只有1花，稀有2～5花，花钟状，直径20～25mm，萼片4，较肥厚，白色或淡黄色，卵圆形或长方卵圆形，外面疏生紧贴的茸毛，边缘具白色茸毛，内面无毛，雄蕊长10～12mm，花药长椭圆形，花丝线形，有长柔毛，心皮被短柔毛，花柱被绢状毛。花期11月至翌年1月。

花境应用：花大色艳，花色丰富，花形多变，风趣独特，是攀缘绿化中不可缺少的良好材料，在花境中可搭配墙垣、支架，或假山石、园林小品等。

单叶铁线莲

单叶铁线莲

威灵仙

辣蓼铁线莲

毛叶铁线莲

毛叶铁线莲

女萎

女萎

重瓣铁线莲

棉团铁线莲

3 藤本月季 *Rosa* spp.

别名：藤蔓月季、七姐妹

科属：蔷薇科，蔷薇属

类别：落叶木质攀缘藤本

原产与分布：原种主产于北半球温带、亚热带地区，中国为原种分布中心，各地多有栽培。

性状特征：株长2～10m。茎具皮刺。叶互生，奇数羽状复叶，小叶3～7枚，倒卵形或椭圆形，边缘有锯齿。花单生或排成圆锥状花序，萼片与花瓣各5片，覆瓦状排列；花色丰富，有红、粉、黄、白、橙等色，花期5—11月。

生态习性：喜光，喜日照充足，稍耐阴，盛夏需适当遮阳；喜空气流通、排水良好而避风的环境；适应性强，耐寒耐旱，对土壤要求不严，喜肥沃疏松的微酸性土壤。

相似植物：园艺品种十分丰富，常见的有‘贾博士的纪念’‘安吉拉’‘藤彩虹’‘路易克莱门兹’等。

花境应用：花多色艳，全株开花、花头众多，甚为壮观。花境中可攀附于各式花架、墙垣上形成花墙、小品等景观。

‘路易克莱门兹’

‘贾博士的纪念’

‘藤彩虹’

藤本月季

藤本月季

藤本月季

'安吉拉'

 金边扶芳藤 *Euonymus fortunei* 'Emerald Gold'

别名：落霜红

科属：卫矛科，卫矛属

类别：常绿木质灌木状藤本

原产与分布：原产黄河流域以南各地区。

性状特征：匍匐或以不定根攀缘，株长达5m以上。小枝近四棱圆柱形。叶对生，薄革质，椭圆形至椭圆披针形，叶小似舌状，长4～7cm；叶片较密实，有光泽，边缘为黄色斑带，春叶呈鲜黄色，老叶呈金黄色，秋天会微泛粉红色，观叶效果好。聚伞花序，花小，黄白色。蒴果淡橙色，种子有橙红色假种皮。花期5—7月。

金边扶芳藤

生态习性：喜光，亦耐阴；喜温暖湿润的环境；耐寒性强，能忍受-25℃的低温，在长江流域可露地越冬；可耐40℃高温；耐干旱瘠薄；对土壤要求不高，但最适宜在湿润、肥沃的土壤中生长；抗逆性极强，耐盐碱；抗污染性强。生长期间应充分供给水分。因其叶面具彩色斑纹，故不要单纯施用氮肥，而应增施磷钾肥，以使叶色鲜亮明丽。冬季停止施肥。耐修剪、生根性强，具有较强的攀爬能力。

相似植物：扶芳藤（*E. fortunei*），常绿匍匐或攀缘木质藤本，高可达10m以上。枝上通常生长细根并具小瘤状突起，能随处生根。叶对生，卵形或广椭圆形，薄革质，上面叶脉稍突起，下面叶脉甚明显，叶柄短。聚伞花序，绿白色。蒴果粉红色，果皮光滑，近球状；假种皮鲜红色，全包种子。花期6月，果期10月。

花境应用：金边扶芳藤是扶芳藤的园艺变种，具有扶芳藤的优点，且叶片色彩又能随季节变化而变化（春夏季黄绿色，秋冬季黄绿粉色），是较优秀的观叶植物，适宜作花境前景或镶边材料。

5 中华常春藤 *Hedera nepalensis* var. *sinensis*

别名：爬树藤、常春藤

科属：五加科，常春藤属

类别：常绿木质攀缘藤本

原产与分布：分布广，北至甘肃东南部、陕西南部、河南、山东，南至广东（海南岛除外）、江西、福建，西至西藏波密，东至江苏、浙江的广大区域内均有生长。越南也有分布。

性状特征：株长3～20m，灰棕色或黑棕色，有气生根。叶片革质，二型；营养枝上叶三角状卵形，常3裂；花枝上叶为长椭圆状卵形，全缘；叶柄细长，长2～9cm，有鳞片，无托叶。伞形花序单生或2～7朵聚成总状或伞房状；花小，绿白色，微香。核果球形，成熟时橙黄色。花期10—11月，果期翌年3—5月。

生态习性：喜光，较耐阴；喜温暖湿润的环境，稍耐寒；对土壤要求不严，以肥沃疏松的土壤为佳。

相似植物：洋常春藤（*H. helix*），营养枝上的叶片较宽阔，花枝上的叶呈椭圆状披针形。伞形花序单个顶生，花淡黄白色或淡绿白色。

花境应用：枝蔓茂密青翠，姿态优雅，配置于花境中可利用气生根扎附于墙垣、支架，或假山石、园林小品上等。

中华常春藤

6 花叶络石 *Trachelospermum jasminoides* 'Flame'

别名：初雪葛、斑叶络石

科属：夹竹桃科，络石属

类别：常绿木质攀缘藤本

原产与分布：络石原产中国广大地区，花叶络石是由日本培育出来的络石园艺新品种，常栽种于长江流域以南地区，可露地越冬。

花叶络石

性状特征：全株具白色乳汁，茎红褐色，节稍膨大，多分枝；嫩枝被黄色柔毛，枝条和节上有气生根。叶对生，全缘，具羽状脉，薄革质，椭圆形至卵状椭圆形，老叶近绿色或淡绿色，第一轮新叶粉红色，少数有2～3对粉红叶，第2至第3对为纯白色叶，在纯白叶与老绿叶间有数对斑状花叶。聚伞花序顶生或腋生；花白色或紫色，花冠裂片排成右旋风车形，具芳香。花期4—6月，果期8—10月。

生态习性：喜光，稍耐阴；喜温暖湿润的环境，耐寒；耐旱；性强健，对土壤要求不严。叶色变化与光照相关，冬季在光照条件较好的环境更为适宜。

花叶络石

相似植物：黄金络石（*T. asiaticum* ‘Ougonnishiki’），叶革质，椭圆形，金黄色，间有红色和墨绿色斑点，叶色常年色彩斑斓，在高温或者寒冷荫蔽环境下有返青现象。

络石（*T. jasminoides*），茎常赤褐色，幼枝被黄色柔毛，有气生根。叶革质或近革质，椭圆形至卵状椭圆形或宽倒卵形。花小，白色，具芳香。花期4—6月。常攀缘在树木、岩石、墙垣上生长。

花境应用：叶色丰富，可谓色彩斑斓，其观赏价值体现在不同层次的叶色，即由红叶、粉红叶、纯白叶、斑叶和绿叶所构成的色彩群，极似一簇盛开的鲜花，艳丽多彩，尤以春、夏、秋三季更佳，是良好的观叶植物，可用作花境的前景或岩石花境中的攀爬材料。

黄金络石

络石

黄金络石

络石

络石

7 花叶蔓长春花 *Vinca major* 'Variegata'

别名：花叶蔓长春、花叶长春蔓
科属：夹竹桃科，蔓长春花属
类别：常绿蔓性亚灌木
原产与分布：原产欧洲地中海沿岸、美洲热带及印度，在中国适宜于长江流域以南地区栽培。

花叶蔓长春花

性状特征：匍匐生长，株长可达2m以上。叶对生，椭圆形，长2～6cm，宽1.5～4cm，叶缘黄白色。单花腋生，花冠蓝紫色或深蓝色，花冠筒漏斗状。花期4—5月。

生态习性：喜温暖、湿润和阳光充足的环境；耐阴，但在较荫蔽处，叶片的黄色斑块变浅；较耐寒；喜肥沃、疏松和排水良好的砂质壤土。初春萌发新枝，叶嫩色亮，施肥需在萌芽之前进行。夏秋季应注意修剪，以控制枝蔓徒长。

相似植物：蔓长春花（*V. major*），花叶蔓长春花的原生种，叶宽卵形，深绿色。

花境应用：四季常绿，是较理想的花叶兼赏园艺植物，适宜种植在林缘作为花境的前景材料，与小花型、细叶型植物配植效果更佳。

蔓长春花

花叶蔓长春花

8 金叶甘薯 *Ipomoea batatas* 'Golden Summer'

别名: 金叶番薯

科属: 旋花科,番薯属

类别: 多年生草质蔓生植物

原产与分布: 原产美洲中部。本种为栽培种,栽培地区广泛。

性状特征: 小枝蔓生。叶片掌状,黄绿色,具柄,嫩叶具茸毛。花单生或组成腋生聚伞花序或伞形至头状花序。

生态习性: 喜光,不耐阴;喜高温,不耐寒;耐旱,耐瘠薄;喜疏松肥沃、排水良好的土壤;性强健。

相似植物: 紫叶甘薯(*I. batatas* 'Blackie'),掌状叶呈紫色。此外还有叶为金色掌状、呈羽状深裂的金叶裂叶甘薯,以及叶为紫色掌状、呈羽状深裂的紫叶裂叶甘薯。

花境应用: 耐高温,夏季生长迅速,其枝蔓性,可在地面延伸,能很快形成色块,且颜色鲜亮,具有较高的观赏价值,常作为花境前景材料。

紫叶甘薯

紫叶裂叶甘薯

金叶甘薯

金叶裂叶甘薯

硬骨凌霄 *Tecomaria capensis*

别名：洋凌霄　　类别：常绿蔓生藤本

科属：紫葳科，硬骨凌霄属　　原产与分布：原产南非好望角。

性状特征：藤蔓高2～3m。复叶对生，小叶5～9枚，圆形，叶缘有锯齿，具光泽，暗绿色。穗状花序短，花冠漏斗状，橘红色。花期6—9月。

生态习性：喜光，耐半阴；不耐寒，耐最低温度8℃；耐干旱。每年开花后修剪可维持灌木状。

相似植物：'黄花'硬骨凌霄(*T. capensis* 'Aurea')，常绿直立灌木或攀缘藤本。叶具光泽，绿色至暗绿色。总状花序，长15cm；小花细长，管状、黄色，长5cm，主要在夏季开放。耐最低温度5℃。

凌霄(*Campsis grandiflora*)，落叶木质藤本，以气生根攀缘。株长7～10m。复叶对生，小叶7～9枚，卵形，有锯齿，背面无毛。花簇下垂，花喇叭状，深橙色或红色，长5～8cm。花期5—8月。

美国凌霄(*C. radicans*)，俗称厚萼凌霄，落叶木质藤本，以气生根攀缘，株长可达12m。复叶，小叶7～11枚，卵形，有锯齿，背面具毛。花大，组成顶生短圆锥花序，花冠漏斗状，橙色、猩红色或黄色，长6～8cm。花期6—10月。

花境应用：枝繁叶茂，花大色艳，花期较长，常作为混合花境材料。

美国凌霄

硬骨凌霄

美国凌霄

美国凌霄

10 金银花 *Lonicera japonica*

别名：忍冬、双花

科属：忍冬科，忍冬属

类别：半常绿攀缘藤本

原产与分布：中国各省均有分布，朝鲜和日本也有分布。

性状特征：幼枝暗红色，密生茸毛。单叶对生，卵状椭圆形，全缘，叶面深绿色，叶背灰绿色。花成对腋生，花冠长筒状二唇形，上唇4裂，下唇不裂，初开白色，后变黄色，具芳香。浆果球形，黑色。花期4—6月，果期10—11月。

生态习性：喜光，亦耐阴；耐寒性强；耐干旱和水湿；对土壤要求不严，以湿润、肥沃、深厚的砂质壤土为佳。

相似植物：京红久忍冬（*L. heckrotti*），花蕾在花开前先由紫红变大红，花开时花瓣先变成粉红，盛开后变成红、黄、白相间，赏心悦目，非常美观。花朵具香味，4—6月，花香四溢，沁人心脾。

花境应用：春夏开花不绝，清香袭人，是色香俱全的藤本植物，在花境中可攀附于墙垣、支架，或假山石、园林小品上，富有自然野趣。

金银花

金银花

金银花

京红久忍冬

六、木本植物

1 苏铁 *Cycas revoluta*

别名：铁树

科属：苏铁科，苏铁属

类别：常绿乔木

原产与分布：原产中国福建、广东、广西、台湾各地，适宜于华南、华东南部、华中南部及西南南部栽培。

性状特征：高可达5m。叶羽状，厚革质而坚硬，羽片条形，边缘显著反卷。雌雄异株，雄球花长圆柱形，雌球花略呈扁球形。种子卵形而微扁，熟时红色。花期6—8月，果期10月。

生态习性：喜暖热湿润的环境，不耐寒，在温度低于0℃时易受冻害；生长缓慢。

花境应用：植株古朴典雅，四季常青，极富热带风光之韵味，宜与园石搭配布置于花境中。

苏铁

苏铁

2 蓝冰柏 *Cupressus glabra* 'Blue Ice'

科属：柏科，柏木属

类别：常绿小乔木

原产与分布：原产日本。中国引种栽培。

性状特征：株高5～8m，干形笔直，树冠紧凑，整体呈圆锥形。小枝上着生鳞叶，鳞叶交互对生，圆柱形或四棱形，蓝色。雌雄同株，雌球花单生枝顶，雄球花长椭圆形、黄色，药隔显著，鳞片状。球果球形，两年成熟，熟时种鳞木质、开裂，种子有翅。

生态习性：喜光，亦耐半阴；喜温暖湿润环境，耐寒、耐高温；在疏松湿润的土壤中生长较快，在干旱的气候条件下也能正常生长，不耐涝；须根较多，对土质要求不严，尤喜肥沃、湿润、排水良好的石灰性土壤；耐盐碱。

相似植物：绿干柏（*C. arizonica*），乔木，在原产地高达25m。树皮红褐色，纵裂成长条剥落，生鳞叶的小枝方形或近方形，二年生枝暗紫褐色，稍有光泽。鳞叶斜方状卵形，长1.5～2mm，

蓝冰柏

蓝绿色，微被白粉。球果圆球形或矩圆球形，暗紫褐色。

蓝湖柏（*Chamaecyparis pisifera* 'Boulevard'），密实、直立、对称的阔金字塔形灌木。叶柔软，银蓝色，钻形，弯曲，先端尖但不刺手。耐热性好。

花境应用：全年呈现霜蓝色，在花境中可作为色彩点缀植物以及骨架植物应用。

蓝冰柏

蓝湖柏

蓝湖柏

绿干柏

绿干柏

3 洒金千头柏 *Platycladus orientalis* 'Aurea Nana'

科属：柏科，侧柏属

类别：常绿灌木

原产与分布：为侧柏的变种之一。

性状特征：高可达1.5m。丛生灌木，无明显主干，矮生密丛，树冠圆形至卵圆形。叶淡黄绿色，顶端尤其色浅，入冬略转褐绿色。

生态习性：喜光，幼时稍耐阴；不耐高温，抗寒能力略弱；耐干旱瘠薄，对土壤要求不严，在酸性、中性、石灰性和轻盐碱土壤中均可生长；萌芽能力强。

相似植物：皮球柏（*Chamaecyparis lawsoniana* 'Green Ball'），扁柏属常绿灌木。株高1～1.2m，四季常绿，外观为自然圆形。针叶扁平鳞片状；叶片春季黄绿色，夏秋季海洋绿色，冬季紫红色。

'蓝色波尔瓦多'花柏（*Chamaecyparis pisifera* 'Bouluevard'），扁柏属常绿灌木或小乔木。株高1.5～3.7m，最高可达6m。树皮红色到棕褐色，呈片状剥落；树冠拓展呈尖塔形，冠幅0.6～1.8m；枝叶紧密，鳞叶密覆小枝，手感柔软，蓝绿色带有银色光泽，在冬季转为紫色、青铜色，尖细锥形。雄球花极小，茶色，球果圆球形，绿色、棕褐色，熟时黑褐色。树冠紧凑，树形端正，树姿优美。四季三种颜色，美丽又醒目，并且树叶经触摸会散发出阵阵幽香，不需修剪自然呈塔形。少病虫害，喜凉爽稍干的气候，喜排水良好的中性、微碱性土壤。

'蓝色波尔瓦多'花柏

'蓝色波尔瓦多'花柏

花境应用：枝叶具洒金花纹，黄绿相间，十分美观。在花境中可作为色彩点缀植物以及骨架植物应用或作背景材料。

洒金千头柏

皮球柏

4 ‘蓝地毯’刺柏 *Juniperus squamata* ‘Blue Carpet’

别名：‘蓝地毯’高山桧柏

科属：柏科，刺柏属

类别：常绿针叶铺地灌木

原产与分布：原产喜马拉雅山脉及其他一些中亚山脉。中国引种栽培，适宜在东北、华北和亚热带地区生长。

‘绿地毯’刺柏

性状特征：株高20～50cm，冠幅1.2～2.5m，树形低矮、匍匐状。树皮红褐色，片状剥落。枝叶密集，全刺形叶，条形或条状披针形，先端锐尖，叶色在生长季节呈蓝绿色，在休眠季节转呈黄铜色。雌雄异株或同株，球花单生叶腋。球果浆果状，2～3年成熟，肉质，苞鳞与种鳞合生，球果熟时黑色不开裂，内含种子3，有棱脊及树脂槽。

生态习性：喜光，在全光照和半阴环境均能生长；耐寒性、抗霜冻、抗雪压能力强；耐旱，但不耐水湿和高温，要求排水良好的环境；喜富含有机质的土壤或砂质土，喜微酸性、中性和微碱性土壤，但对多种土质逆境也有较强的抵抗力，在板结黏重和沿海盐碱土壤中也可生长，长势中等；抗风、抗污染性强。

相似植物：‘绿地毯’刺柏（*J. squamata* ‘Green Carpet’），生长季叶片呈黄绿色。

‘蓝阿尔卑斯’刺柏（*J. chinensis* ‘Blue Alps’），刺柏属常绿针叶乔木。主干通直，树高15～20m；树冠塔形，冠幅4～5m。枝条紧密、健壮，直立分枝，主梢拱形垂枝，小枝近四棱形。叶全为刺形，3叶轮生，基部有关节、不下延；蓝色到银灰色，在春季呈蓝色，秋季呈紫罗兰色或棕褐色。球花单生叶腋，雌雄同株，球果近球形。喜半阴或全光照，耐干旱、耐寒、耐热、耐空气污染环境。

花境应用：抗性强，可应用于岩石花境中。

‘蓝阿尔卑斯’刺柏

‘绿地毯’刺柏

‘蓝地毯’刺柏

5 彩叶杞柳 *Salix integra* 'Hakuro Nishiki'

别名：'白露锦'杞柳

科属：杨柳科，柳属

类别：落叶灌木

原产与分布：杞柳的栽培品种。

性状特征：株高1～3m，树冠广展。叶披针形或倒披针形，对生或近对生，新叶先端粉白色，基部黄绿色密布白色斑点，之后叶色变为黄绿色带粉白色斑点。

生态习性：喜光，耐寒，耐湿，生长势强。冬末需强修剪。

相似植物：杞柳（*S. integra*），落叶灌木，高可达3m。小枝淡黄色，无毛，有光泽。叶披针形或倒披针形，对生或近对生，叶背有白粉。花先叶开放，花序长1～2cm，基部有叶状苞片。蒴果有长柔毛。花期3月，果期4—5月。

花境应用：新叶具乳白和粉红色斑，可用于花境的配景材料，与各类观花、观叶植物配植均宜，可丰富花境的色彩和季相景观效果。

彩叶杞柳

杞柳

彩叶杞柳

彩叶杞柳

6 火焰南天竹 *Nandina domestica* 'Firepower'

科属：小檗科，南天竹属

类别：常绿灌木

原产与分布：从欧洲引进的园艺品种。

性状特征：株高30～40cm。叶薄革质，二回三出复叶，偶尔有羽状复叶；小叶卵形、长卵形或卵状长椭圆形，先端渐尖，基部楔形，全缘，两面无毛；幼叶为暗红色，后变绿色或带红晕，入冬变红色，红叶经冬不凋；总叶柄较短，中间的叶柄长于两边的小叶柄；节间特短，仅为0.1～0.5cm，只有普通南天竹的1/10。

生态习性：喜光；喜温暖湿润的环境；对土壤要求不严，喜疏松、排水良好的土壤，在干旱瘠薄的土壤中则生长缓慢。

相似植物：南天竹（*N. domestica*），常绿灌木。茎直立，丛生而少分枝，幼枝常呈红色。二至三回羽状复叶互生，小叶椭圆状披针形，薄革质，全缘，叶面有光泽，深绿色，冬季变红色，背面叶脉隆起。圆锥花序顶生，花小，白色。浆果球形，鲜红色。花期5—7月，果期8—11月。

花境应用：枝叶紧密，株型矮小，冬季叶色艳丽，可用于秋冬花境。

火焰南天竹

火焰南天竹

南天竹

火焰南天竹

7 金叶小檗 *Berberis thunbergii* 'Aurea'

科属：小檗科，小檗属

类别：落叶灌木

原产与分布：中国东北南部以及华北、华东等大部分地区均有栽培。

性状特征：株高1～2m。多分枝，枝节有锐刺。叶1～5枚簇生，匙状矩圆形或倒卵形，长0.5～2cm，全缘，叶色金黄亮丽。花序伞形或簇生，花黄色。浆果椭圆形，鲜红色。花期6月，果期9—10月。

生态习性：喜光，耐半阴；耐寒；耐旱；对土壤要求不严；适应性强。栽植后需保持良好的通风及充足的光照。

相似植物：紫叶小檗（*B.thunbergii* 'Atropurpurea'），小枝暗紫色。叶在整个生长期内呈现紫红色，是观赏价值较高的彩叶树种。

花境应用：金叶小檗叶形、叶色优美，姿态圆整、高雅。春开黄花秋结红果，果实经冬不落，在花境中可作为色彩点缀材料。

紫叶小檗

紫叶小檗

8 茶梅 *Camellia sasanqua*

科属：山茶科，山茶属

类别：常绿灌木或小乔木

原产与分布：原产日本。上海、浙江、江苏、湖南、广东等地均有栽培。

性状特征：株高1～3m。分枝稀疏，嫩枝有毛。叶卵状椭圆形，叶面略有光泽，边缘有小锯齿。花白色至粉红色及玫瑰红色，略有香气。花期11月至翌年1月，部分品种可迟至4月。

生态习性：喜光，在阳光充足处花朵较为繁茂；喜温暖环境，稍耐寒；喜富含腐殖质、排水良好的酸性土壤；性强健，对有毒气体抗性好。

相似植物：山茶（*C. japonica*），常绿灌木或乔木，高1～9m。树干平滑无毛。叶卵形或椭圆形，边缘有细锯齿或全缘，革质，叶面深绿色，有光泽，叶背淡绿色，两面无毛。花单生或成对生于叶脉或枝顶，花瓣近圆形。原种为单瓣红花，但经过长期的栽培后，目前品种丰富，花朵有从红到白、从单瓣到完全重瓣的各种类型。花期10月至翌年4月，盛花期1—3月。

茶梅

美人茶（*C. uraku*），常绿灌木或小乔木，株高可达5m。叶光亮。花小，单瓣，粉红色。花期从12月至翌年3月。

花境应用：树形优美，花叶茂盛，可在花境中作配景材料。

美人茶

茶梅

'小玫瑰'茶梅

'小玫瑰'茶梅

茶梅

‘白芙蓉’茶梅

‘朝日鹤’茶梅

山茶品种

山茶品种

山茶品种

山茶品种

山茶品种

山茶品种

茶梅

美人茶

山茶

‘东牡丹’茶梅

9 毛枝连蕊茶 *Camellia trichoclada*

科属：山茶科，山茶属

类别：常绿小灌木

原产与分布：分布于浙江省南部及福建省北部地区。

性状特征：株高约1m，多分枝，小枝纤细，黄褐色，密被能宿存三年的长柔毛，毛长远超过当年小枝的直径。叶片小，薄革质，二列状排列，长10～24mm，椭圆形，先端略尖或钝，基部圆形，有时微心形，边缘密生小锯齿，叶柄有粗毛。花顶生及腋生，粉红色，花直径20～25mm。花期11—12月。

生态习性：喜半阴；喜温暖湿润的环境；喜排水良好的微酸性土壤；抗逆性强，耐修剪。

相似植物：微花连蕊茶（*C. minutiflora*），灌木，嫩枝有微毛，干时暗褐色。叶长圆形或披针形。花白色带粉色，1～2朵腋生，细小，花瓣5～6片，倒卵形，先端凹入，无毛。

花境应用：树形美观，叶色发亮，花小而密集，开花时整株缀满小花，形成花树，美丽壮观，可作花境配景材料。

微花连蕊茶

微花连蕊茶

毛枝连蕊茶

毛枝连蕊茶

毛枝连蕊茶

10 滨柃 *Eurya emarginata*

别名：凹叶柃木

科属：山茶科，柃木属

类别：常绿灌木

原产与分布：产于中国浙江沿海（普陀山、象山、温州）、福建沿海及台湾等地，朝鲜、日本也有分布。

性状特征：株高1～2m，植株低矮，匍匐生长。嫩枝圆柱形，极稀稍具2棱，粗壮，红棕色，密被黄褐色短柔毛；小枝灰褐色或红褐色，无毛或几无毛。叶片窄小，厚革质，倒卵形或倒卵状披针形，长2～3cm，宽1.2～1.8cm，先端圆有微凹，基部楔形，边缘有细微锯齿，齿端具黑色小点，稍反卷，叶面绿色或深绿色，稍有光泽，叶背黄绿色或淡绿色，两面均无毛，中脉在叶面凹下，叶背隆起，侧脉约5对，纤细，连同网脉在叶面凹下，叶背稍隆起；叶柄长2～3mm，无毛。花1～2朵生于叶腋，花梗长约2mm；花瓣5，白色，长圆形或长圆状倒卵形。果圆球形，直径3～4mm，成熟时黑色。花期10—11月，果期翌年6—8月。

生态习性：喜光，不耐阴；喜温暖湿润的环境；耐干旱，耐瘠薄；在通风及排水良好的疏松、肥沃、中性至微碱性土壤中生长良好；耐修剪，抗风性强，并耐一定的盐碱。夏秋季要求水分及时跟上，通风良好，保持半阴，每两周施肥一次，促进植株生长。冬季浇水量需减少，水多容易黄叶。越冬时，如果温度较低，叶片还有可能变红。

花境应用：滨柃是不可多得的常绿观花观果闻香植物，花开于少花的冬季及早春，花芳香，小花密集，浆果球形，成熟时紫黑色具光泽，密集于枝干十分可爱。原生种多生长于基岩海岸、面海山坡的瘠薄土壤及阳光直射的海边石缝、崖壁及裸露的山坡上，非常适宜滨海盐碱地花境的营造。

滨柃

滨柃

11 小叶蚊母树 *Distylium buxifolium*

科属：金缕梅科，蚊母树属

类别：常绿灌木

原产与分布：产于福建、广东、广西、湖南、湖北和四川等地。

小叶蚊母树

性状特征：株高1～2m。叶倒披针形或长圆状倒披针形。嫩叶淡绿色、淡黄绿色、紫红色或粉红色，呈半透明状，成熟叶深绿色。穗状花序，花序轴被毛。蒴果卵圆形。花期3—4月，果期7—9月。

生态习性：喜光，亦耐阴；喜温暖湿润环境；忌涝；对土壤要求不严；萌芽力强，耐修剪，极易管理。

相似植物：中华蚊母树（*D. chinense*），株高约1m，常绿乔木或灌木，栽培的常呈灌木状。树冠常不规整。树皮暗灰色，粗糙，嫩枝及裸芽被垢鳞。单叶互生，革质，椭圆形或倒卵形，深绿色，先端钝或略尖，全缘，常有虫瘿。总状花序腋生，雌雄花同序，花药深红色。果卵形，种子深褐色。花期4—5月，果期10月。

中华蚊母树

花境应用：花丝深红色，具极好的观赏效果，可作春夏花境的中景材料。

12 山梅花 *Philadelphus incanus*

科属：虎耳草科，山梅花属

类别：落叶灌木

原产与分布：产于山西、陕西、甘肃、河南、湖北、安徽和四川。现中国多地均有栽培。

山梅花

性状特征：株高1.5～3.5m。二年生小枝灰褐色，表皮呈片状脱落，当年生小枝浅褐色或紫红色。叶卵形或阔卵形。总状花序，花瓣白色。蒴果倒卵形。花期5—6月，果期7—8月。

生态习性：喜光；喜温暖环境，耐寒亦耐热；忌水涝；对土壤要求不严；适应性强，管理粗放。

相似植物：浙江山梅花（*P. zhejiangensis*），落叶灌木，株高1～3m。叶对生，卵形或卵状椭圆形，具三出脉，边缘有细锯齿，叶背脉被长硬毛。总状花序有5～9花，疏散或紧密，叶柄、总花梗、花梗、花萼外面均无毛，花萼内面密被白色茸毛，花瓣4，白色，雄蕊多数，花丝不等长，花柱粗壮无毛，上部4裂。花期5—6月。

花境应用：花芳香、美丽，多朵聚集，花期较长，可用于春夏花境中，亦可用于岩石花境中。

浙江山梅花

山梅花

浙江山梅花

13 八仙花 *Hydrangea macrophylla*

别名：绣球花、大花绣球

科属：虎耳草科，绣球属

类别：落叶灌木

原产与分布：产于山东、江苏、安徽、浙江、福建、河南、湖北、湖南、广东及其沿海岛屿以及广西、四川、贵州、云南等地。日本、朝鲜也有分布。

性状特征：株高1～3m。小枝光滑，老枝粗壮，无毛，皮孔明显。叶大而稍厚，倒卵形，叶面鲜绿色，叶背黄绿色，边缘有粗锯齿。顶生伞房花序近球形，几乎全为不孕花，有粉红色、蓝色、白色等多种花色。花期6—7月。

生态习性：喜半阴；喜温暖环境，耐寒性不强；喜湿润、富含腐殖质而排水良好的酸性土壤；性强健，少病虫害。

相似植物：'无尽夏'八仙花（*H. macrophylla* 'Endless Summer'），花色蓝色至粉色，在酸性土壤中开蓝色花球，在碱性土壤中开粉色花球，在中性土壤中同时开蓝色和粉色花球。花期6—9月，比其他八仙花花期平均长10～12周，花直径可达18cm。秋季叶色黄绿色。忍受低温的能力比普通八仙花要强，在较冷的环境中也能开花。

花境应用：适宜在花境中景、背景处作为骨架植物和观花材料。

八仙花

八仙花

八仙花

八仙花

八仙花

八仙花

'无尽夏'八仙花

'塔贝'八仙花

八仙花

'初恋'八仙花

14 棣棠花 *Kerria japonica*

科属：蔷薇科，棣棠花属

类别：落叶丛生灌木

原产与分布：产于甘肃、陕西、山东、河南、湖北、江苏、安徽、浙江、福建、江西、湖南、四川、贵州、云南各地。日本也有分布。

性状特征：高可达2m。小枝绿色，光滑，有棱。单叶互生，卵形至卵状椭圆形，先端尾尖，边缘有尖锐重锯齿，叶背略有短柔毛。花单瓣，黄色，单生于侧枝端。花期4—5月，果期6—8月。

生态习性：喜光，稍耐阴；喜温暖湿润的环境；喜肥沃的砂质壤土，萌蘖性强。

相似植物：重瓣棣棠花（*K. japonica* f. *pleniflora*），花重瓣。

花境应用：枝叶翠绿，金花满树，适宜在花境中景、背景处作为骨架植物和观花、观干材料。

重瓣棣棠花

重瓣棣棠花

棣棠花

棣棠花

15 金叶风箱果 *Physocarpus opulifolius* var. *luteus*

科属： 蔷薇科，风箱果属

类别： 落叶灌木

原产与分布： 原产北美，现中国广泛种植于华北、东北等地区。

性状特征： 株高1～2m。叶片生长期金黄色，凋落前黄绿色，三角状卵形，边缘有锯齿。伞形总状花序顶生，花白色，直径0.5～1cm。果实膨大呈卵形，果外光滑。花期5月中下旬，果期7—8月。

生态习性： 喜光，耐寒，耐瘠薄，耐粗放管理。光照充足时叶片颜色金黄，而弱光或荫蔽环境中则呈绿色。华北地区能露地越冬。夏季高温季节生长处于停滞状态，有“夏眠”现象。

相似植物： 紫叶风箱果（*P. opulifolius* ‘Summer Wine’），株高1～2m。叶片生长期紫红色，凋落前暗红色。

花境应用： 叶、花、果均有观赏价值，可作花境色彩点缀材料，金黄色与鲜绿色形成鲜明的对比，非常好地增加了造型的层次和绿色植物的亮度。

紫叶风箱果

金叶风箱果

紫叶风箱果

16 小丑火棘 *Pyracantha fortuneana* ‘Harlequin’

科属： 蔷薇科，火棘属

类别： 常绿灌木

原产与分布： 本品种是源于日本的园艺品种，是火棘的栽培变种。

性状特征： 高可达3m。叶倒卵形或倒卵状长圆形，叶片有花纹，似小丑花脸，冬季叶片粉红色。花白色。小梨果红色，挂果时间长达3个月。花期3—5月，果期8—11月。

小丑火棘
小丑火棘
小丑火棘
火棘
火棘
小丑火棘

生态习性：有较强的耐寒、耐盐碱、耐瘠薄能力；根系密集，保土能力强。

相似植物：火棘（*P. fortuneana*），花白色，果橘红色或深红色。花期3—5月，果期8—11月。

窄叶火棘（*P. angustifolia*），株高可达4m。小枝密被灰黄色茸毛，老枝紫褐色。叶片窄长圆形，基部楔形，全缘，暗绿色；叶柄密被茸毛。复伞房花序，花梗密被灰白色茸毛；萼筒钟状，萼片三角形；花瓣白色。果实扁球形，顶端具宿存萼片。花期5—6月，果期10—12月。

花境应用：枝叶繁茂，叶色美观，初夏白花繁密，入秋果红如火，且留存甚久。可作花境前景、中景材料，也可每年修剪使其保持在一定高度，作为花境的骨架植物。

火棘

窄叶火棘

窄叶火棘

17 月季 *Rosa chinensis*

别名：月月红

科属：蔷薇科，蔷薇属

类别：常绿或落叶灌木

原产与分布：中国是月季花的原产地之一，主要分布于湖北、四川和甘肃等省的山区，现上海、南京、南阳、常州、天津、郑州和北京等地种植最多。

性状特征：高1～2 m，茎直立。小枝疏生倒钩皮刺。羽状复叶互生，通常有小叶3～5枚，宽卵形至卵状矩圆形，叶面暗绿色，有光泽，边缘有锐锯齿；托叶附生于叶柄上，先端分裂成披针形裂片。花常数朵聚生成伞房状或单生，大小和颜色因品种而异。果实近球形，熟时橙红色。花期4—10月，果期6—11月。

生态习性：喜光，不耐阴；喜湿润及通风良好的环境，较耐寒；对土壤要求不严，以排水良好的微酸性土壤为佳。

相似植物：玫瑰（*R. rugosa*），枝干多针刺。奇数羽状复叶，小叶5～9片，椭圆形，有边刺。花瓣倒卵形，重瓣至半重瓣，具芳香；花色紫红色至白色。花期5—6月。枝条较为柔弱，软垂且多密刺，每年花期只有一次。

花境应用：品种繁多，花期长，适宜种植于花境前景、中景处，可修剪作为骨架植物或背景材料。

月季 月季 月季 月季 月季 月季 月季 月季

月季

月季

玫瑰

玫瑰

18 厚叶石斑木 *Rhaphiolepis umbellata*

科属：蔷薇科，石斑木属

类别：常绿灌木或小乔木

原产与分布：产于中国浙江（普陀、天台），在日本也有广泛分布。

性状特征：株高1～4 m。树冠伞状，枝条端直，全株被有短茸毛。叶集生于小枝顶端，厚革质，长椭圆形、卵形或倒卵形，全缘而略向内反卷，深绿色，有光泽。圆锥花序顶生，白色，雄蕊初为黄色后逐渐转为红色。梨果球形，紫黑色。花期5—6月，果期8—11月。

生态习性：喜光，亦耐阴；喜温暖湿润的环境；耐热，亦耐寒；耐旱；对土壤要求不严，耐瘠薄，耐盐碱；抗风能力强，对有害气体抗性强。

花境应用：本地特有的集观姿、观叶、观花、观果于一体的物种，适宜作花境骨架植物。

厚叶石斑木

厚叶石斑木

19 金焰绣线菊 *Spiraea×bumalda* 'Gold Flame'

科属：蔷薇科，绣线菊属

类别：落叶灌木

原产与分布：原产美国。北京植物园于1990年4月从美国明尼苏达州的贝蕾苗圃引种，经引种驯化，能很好地适应北京地区生长，现中国各地均有种植。

粉花绣线菊

性状特征：株高0.6～1.1m。老枝黑褐色，新枝黄褐色。叶色鲜艳夺目，春季叶色黄红相间，夏季叶色绿，秋季叶紫红色。花玫瑰红色。花期5—10月。

生态习性：较耐阴，喜潮湿环境，在温暖向阳而又潮湿的地方生长良好。冬季叶枯后，即进行修剪。

相似植物：金山绣线菊（*S.×bumalda* 'Gold Mound'），新叶金黄色，夏季渐变黄绿色。花粉红色。

粉花绣线菊（*S. japonica*），又名日本绣线菊。叶椭圆状披针形，边缘有缺刻状重锯齿。复伞房花序，花粉红色，有柔毛。

绣球绣线菊（*S. blumei*），落叶灌木，高1～2m。叶互生，菱状卵形，先端圆钝，边缘上部有圆钝缺刻状锯齿，或3～5浅裂。伞形花序，花白色。花期4—6月。

花境应用：叶色丰富，花期长，花量多，是花叶俱佳的新优小灌木。可作为夏秋花境材料和花境色彩点缀植物。

金焰绣线菊　金山绣线菊

绣球绣线菊　粉花绣线菊

20 喷雪花 *Spiraea thunbergii*

别名：珍珠绣线菊、珍珠花

科属：蔷薇科，绣线菊属

类别：落叶灌木

原产与分布：原产中国及日本，在中国主要分布于浙江、江西、云南等省。

性状特征：高达1.5m。枝条细长开张，呈弧形弯曲，小枝有棱角，幼时被短柔毛，褐色，老时转红褐色，无毛。叶片线状披针形，先端长渐尖。伞形花序无总梗，具花3～5朵，花白色。花期4—5月，果期7月。

生态习性：喜光，稍耐阴；较耐旱，忌涝；耐瘠薄，对土壤要求不严，以肥沃、湿润、排水良好的土壤为佳。

相似植物：单瓣李叶绣线菊（*S. prunifolia* var. *simpliciflora*），又名单瓣笑靥花。叶卵状至长圆状或披针形，叶背被短柔毛。花单瓣，白色。

花境应用：花期很早，花朵密集如积雪，叶片薄细如鸟羽，秋季转变为橘红色，甚为美丽，可作早春花境材料。

喷雪花

单瓣李叶绣线菊

单瓣李叶绣线菊

21 美丽胡枝子 *Lespedeza formosa*

别名：毛胡枝子

科属：豆科，胡枝子属

类别：落叶灌木

原产与分布：产于河北、陕西、甘肃、山东、江苏、安徽、浙江、江西、福建、河南、湖北、湖南、广东、广西、四川、云南等地。宁波野外有分布。

美丽胡枝子

性状特征：高1～3 m，直立灌木。三出复叶互生，小叶厚纸质或薄革质，卵形，先端凹陷或圆钝，叶背有柔毛。总状花序腋生，花紫红色。荚果长圆形。花期8—10月，果期10—11月。

生态习性：较耐阴；耐高温；耐旱；耐酸性土，耐瘠薄，适应性较广。

相似植物：胡枝子（*L. bicolor*），小叶草质或纸质。花期7—9月，果期9—10月。

花境应用：花期长，花序繁茂，色彩鲜艳，是难得的紫花观赏植物，可作秋冬花境材料。

美丽胡枝子

胡枝子

 22 双荚决明 *Cassia bicapsularis*

别名：双荚槐

科属：豆科，决明属

类别：落叶或半常绿灌木

原产与分布：原产美洲热带地区，现栽培于广东、广西等地，并广泛分布于全世界热带地区。

双荚决明

性状特征：株高3～5 m。多分枝。羽状复叶互生，小叶3～5对，倒卵形至长圆形，膜质，先端圆钝。总状花序生于枝端的叶腋，常集成伞房花序状，花黄色。荚果圆柱状，2个一组，悬挂枝顶，故名“双荚决明”，形似四季

槐叶决明

槐叶决明

槐叶决明

伞房决明

豆，长约15cm，内有两排黑褐色种子。花期10—11月，果期11月至翌年3月。

生态习性：喜光；喜暖热环境；耐干旱瘠薄，稍耐盐碱；根系发达，萌芽能力强，适应性较强；有较强的抗风、抗虫害和防尘、防烟雾的能力。

相似植物：伞房决明（*C. corymbosa*），半常绿灌木，株高2～3m，多分枝。羽状复叶，小叶2～3对，卵形至卵状椭圆形，亮绿色。伞房状花序，腋生，花黄色，碗形。

槐叶决明（*C. sophera*），灌木或亚灌木，株高1～2m。羽状复叶，叶片互生，叶长9～15cm，小叶4～9对，椭圆状披针形，顶端急尖或短渐尖。花黄色，花瓣5，雌雄同花。花期7—9月。

花境应用：花期长，花色艳丽迷人，秋季盛开的黄色花序布满枝头，可作秋冬花境花材。

23 羽毛枫 *Acer palmatum* 'Dissectum'

红枫

别名：塔枫

科属：槭树科，槭树属

类别：落叶小乔木

原产与分布：园艺品种，分布于河南至长江流域。

性状特征：株高一般不超过4m，树冠开展。枝略下垂，新枝紫红色，成熟枝暗红色。叶片掌状7～9深裂至全裂，各裂片又羽状深裂，各小裂片边缘疏生细长尖锯齿。

生态习性：喜光，耐半阴；喜温暖湿润的环境；较耐旱；对土壤要求不严，在酸性、中性及石灰质土壤中均能生长；对二氧化硫和烟尘抗性较强。

相似植物：红枫（*A. palmatum* 'Atropurpureum'），枝条紫红色，嫩叶紫红色，后渐变淡。

红羽毛枫（*A. palmatum* 'Dissectum Ornatum'），叶形同羽毛枫，但叶色常年古铜色或紫红色。

鸡爪槭（*A. palmatum*），落叶小乔木。树皮深灰色。小枝细瘦，当年生枝紫色或淡紫绿色，多年生枝淡灰紫色或深紫色。叶常呈绿色，入秋后变红。

花境应用：早春发芽时，嫩叶艳红，叶片细裂，密生白色软毛，叶片舒展后渐脱落，叶色亦由艳红转淡紫色甚至泛暗绿色，秋叶深黄至橙红色，为优良的观叶树种，在花境中可作骨架植物。

羽毛枫

红枫

红羽毛枫

红枫

鸡爪槭

24 钝齿冬青 *Ilex crenata*

科属：冬青科，冬青属

类别：常绿灌木

原产与分布：产于浙江普陀、天台、开化、遂昌、庆元、龙泉、泰顺等地，中国江西、福建、广东均有分布，日本也有分布。

性状特征：株高1～3m。小枝灰褐色，有棱，密生短柔毛。叶片革质，倒卵形或椭圆形，稀卵形。雄花序单生于鳞片腋内或当年生枝的叶腋，稀有假簇生于二年生枝上，花4基数，花冠直径4～4.5mm，花瓣宽椭圆形；雌花序含1花或稀含2～3花，单生叶腋，花瓣卵形。果球形，直径6～7mm，成熟时黑紫色。花期5—6月，果熟期10月。

生态习性：喜温暖湿润和阳光充足的环境，稍耐阴；较耐寒；以湿润、肥沃的微酸性黄土最为适宜，中性土壤中亦能正常生长；对二氧化硫、氯等毒气有较好的抗性；性强健，耐修剪，萌发力强。

相似植物：‘完美’钝齿冬青（*I. crenata* ‘Latifolia’），常绿灌木，多分枝。叶小而密生，椭圆形至倒长卵形，表面深绿有光泽。

‘金宝石’钝齿冬青（*I. crenata* ‘Golden Gem’），常绿灌木，高0.5～1.1m。新梢和新叶金黄色，后渐为黄绿色。

‘先令’钝齿冬青（*I. crenata* ‘Helleri’），常绿灌木，自然成球形。叶片蓝灰色，新叶微红。

龟甲冬青（*I. crenata* ‘Convexa’），常绿矮灌木。叶细密，生长缓慢，分枝性强，极耐修剪。

龟甲冬青

‘金宝石’钝齿冬青

‘金宝石’钝齿冬青

‘完美’钝齿冬青

‘先令’钝齿冬青

‘先令’钝齿冬青

直立冬青（*I. crenata* ‘Sky Pencil’），常绿灌木，成熟植株高度可达3～4m，树冠0.8～1m。分枝多且直立向上生长，无需修剪便可形成自然精细的柱形。花白色，果深紫色。花期5—6月，果期9—10月。喜光；耐寒；忌长时间水淹；喜疏松、排水良好的微酸性土壤，耐适当盐碱，碱性过强，叶色易发黄；适应范围广，抗性极强，无严重病虫害。

花境应用：枝干苍劲古朴，叶密集浓绿，可作花境骨架植物。

直立冬青

直立冬青

25 卫矛 *Euonymus alatus*

科属：卫矛科，卫矛属

类别：落叶灌木

原产与分布：除中国东北地区及新疆、青海、西藏、广东、海南以外，全国各地均产，生长于山坡、沟地边沿。日本、朝鲜也有分布。宁波野外有分布。

性状特征：高可达3m。小枝四棱形，有木栓质阔翅。叶对生，椭圆形，先端急2尖，基部楔形。聚伞花序腋生，花小，花瓣4，倒卵形，黄绿色。蒴果紫色，深裂4片。花期4—6月，果期9—10月。

生态习性：喜光，稍耐阴；耐寒；耐干旱瘠薄，对土壤要求不严，在酸性、中性及石灰质土壤中均可生长；适应性强，萌芽力强，耐修剪；对二氧化硫抗性较强。

相似植物：火焰卫矛（*E. alatus* ‘Compacta’），又叫密实卫矛、密冠卫矛。株高1.5～3m，冠幅2～4m。树分枝多，长势整齐；幼枝绿色无毛，老枝生有木栓质的翅。叶椭圆形至卵圆形，有锯齿，单叶对生；叶片夏季为深绿色，秋季变为火焰红色，是一种非常漂亮的秋季彩叶品种，如果天气干旱，叶片就会较早出现红色。聚伞花序，花色浅红或浅黄色。果红色。花期为5月至6月上旬，果期为9月至秋末。

卫矛

卫矛

花境应用： 枝翅奇异，春秋两季叶色红艳，冬季具橙红色假种皮的果实悬垂枝间，为优良的观叶、观果树种，是理想的花境背景材料。

火焰卫矛

火焰卫矛

火焰卫矛

火焰卫矛

26 海滨木槿 *Hibiscus hamabo*

别名： 海槿、海塘树、日本黄槿

科属： 锦葵科，木槿属

类别： 落叶灌木

原产与分布： 原产于日本和朝鲜半岛，现舟山、宁波有分布。

海滨木槿

性状特征： 株高2～4m。叶互生，近圆形，厚纸质，边缘有细锯齿，两面密被灰白色星状毛。花单生于枝端的叶腋，花冠钟状，花瓣倒卵形，黄色。蒴果卵状三角形。花期6—8月，果期8—9月。

生态习性： 喜光；对土壤要求不严；耐盐碱性较强，抗风能力强。

相似植物： 木槿（*H. syriacus*），落叶灌木或小乔木，高2～4m，花冠钟形，单瓣或重瓣，花色有淡紫、白、红等。花期7—10月，果期10—11月。

花境应用： 树冠浓密，花色金黄，大且艳丽，花期长，叶季相变化明显，入秋后逐渐变红，是优良的观花观叶植物，可作为花境骨架植物，也可作为盐碱地花境材料。

海滨木槿

海滨木槿
木槿
海滨木槿
木槿
木槿
木槿

27 木芙蓉 *Hibiscus mutabilis*

别名：芙蓉花、拒霜花、木莲、地芙蓉、华木

科属：锦葵科，木槿属

类别：落叶灌木或小乔木

原产与分布：原产湖南，中国除东北、西北等地区以及山西和内蒙古外均有栽培。日本和东南亚国家也有引种栽培。

性状特征：株高2～5m。树干密生星状毛。叶片大，卵圆形，呈5～7掌状浅裂，裂片呈三角形，基部心形，边缘有钝锯齿，两面被毛。花大，单生枝端叶腋，花瓣近圆形，初开时白色或淡红色，后变为深红色。蒴果球形。花期9—11月，果期10—12月。

木芙蓉

生态习性：喜光，稍耐阴；喜温暖湿润环境，不耐寒，在长江流域以北地区露地栽植时，冬季地上部分常冻死，但第2年春季能从根部萌发新条，秋季能正常开花。忌干旱，耐水湿，喜肥沃湿润而排水良好的砂壤土；生长较快，萌蘖性强。

相似植物：重瓣木芙蓉（*H. mutabilis* f. *plenus*），花重瓣，花色有粉红色、乳白色等。

重瓣木芙蓉

重瓣木芙蓉

花境应用：秋季开花，花大而美，其花色、花形随品种不同变化丰富，是一种优良的观花树种，也是著名的晚秋观赏树种，既可作为秋冬花境材料应用，亦可作为花境骨架材料和背景材料应用。

28 高砂芙蓉 *Pavonia hastate*

别名：戟叶孔雀葵

科属：锦葵科，粉葵属

类别：落叶小灌木

原产与分布：原产南美，现中国引入栽培。

高砂芙蓉

性状特征：小型灌木。叶长圆状披针形至卵形，基部戟形，花色白里带粉，花心暗红色。花期6—11月。

生态习性：喜光，较喜水喜肥，不耐寒，在长江流域室外种植虽然落叶，但能安全越冬。

花境应用：花期长，从夏初一直到深秋，都能欣赏到美丽的花，是难得的夏季开花植物，可作为夏秋花境花材应用。

高砂芙蓉

高砂芙蓉

29 胡颓子 *Elaeagnus pungens*

别名：半春子、羊奶子

科属：胡颓子科，胡颓子属

类别：常绿灌木

原产与分布：产于中国江苏、浙江、福建、安徽、江西、湖北、湖南、贵州、广东、广西，宁波野外有分布。

性状特征：株高3～4m。小枝有锈色鳞片，有刺。叶互生，革质，椭圆形至长椭圆形，全缘，边缘波状，常反卷，叶背银白色，有锈色鳞片。花银白色，芳香，1～3朵腋生，下垂。果实椭圆形，熟时红色。花期9—12月，果期翌年4—6月。

生态习性：喜光，耐半阴；耐寒；喜排水良好、湿润肥沃的土壤；萌芽力强，耐修剪，对有害气体抗性强。

相似植物：金边胡颓子（*E. pungens* ‘Aureo-marginata’），叶缘深黄色。

金边埃比胡颓子（*E.* × *ebbingei* ‘Gill Edge’），常绿灌木，高可达2m，冠幅1.5m。树型扩展，枝叶稠密。叶片中央深绿色，叶缘具宽窄不一的黄边，十分悦目。秋末开花，花银白色。耐寒，在南京和上

金边胡颓子

胡颓子

海地区均可露地越冬。

花境应用：株型自然，枝条交错，叶背的银白色腺鳞在阳光照射下银光点点，花芳香，红果下垂，似一个个小红灯笼，甚是可爱，可作为花境背景植物应用。

金边埃比胡颓子

金边埃比胡颓子

30 柽柳 *Tamarix chinensis*

别名：垂丝柳、西河柳、西湖柳、红柳、阴柳

科属：柽柳科，柽柳属

类别：落叶灌木或小乔木

原产与分布：辽宁、河北、河南、山东、江苏（北部）、安徽（北部）等省有野生分布，中国东部至西南部各地均有栽培。宁波杭州湾湿地偶见野生分布。

性状特征：株高2～5m。树皮红褐色。小枝细长下垂。叶细长，鳞片状，互生。花小，5基数，粉红色，苞片狭披针形或钻形。每年开花2～3次，春季总状花序侧生于去年生枝上，夏秋季总状花序生于当年生枝上并常组成顶生圆锥花序。蒴果。花期5—9月，果期10月。

生态习性：喜光；耐寒；耐旱，亦耐水湿，耐盐碱；根系发达，萌蘖性强，耐修剪。

花境应用：枝条细柔，姿态婆娑，一年开花3次，鲜绿粉红花相映成趣，适用于海滨河畔及湿润盐碱地营造花境。

柽柳

柽柳

复色矮紫薇 *Lagerstroemia indica* ‘Bicolor’

科属：千屈菜科，紫薇属

类别：落叶灌木

原产与分布：源于日本的园艺品种，浙江省各地均有引种栽培。

性状特征：株高40～60cm。叶对生，椭圆形或倒卵形。圆锥花序顶生于当年生枝上，花瓣边缘皱缩成波浪状，花朵猩红具白边。花期6—10月。

生态习性：喜光，稍耐阴；耐低温和耐热性较好；对土壤要求不严，较耐碱性土；根系发达，生长快速，耐强修剪，生长期内通过修剪可调节花期，也易修剪造型。

花境应用：枝密叶细，开花繁茂，花期较长，同一花序有紫、淡紫、红、粉白等色花瓣，幼苗即可开花，是优良的夏季观花植物，作前景或中景材料。

复色矮紫薇

复色矮紫薇

复色矮紫薇

32 黄金香柳 *Melaleuca bracteata* ‘Revolution Gold’

别名：千层金

科属：桃金娘科，白千层属

类别：常绿乔木

原产与分布：原产于荷兰、新西兰等濒海国家。

性状特征：株高可达6～8m。树冠锥形至卵球形。主干直，树皮灰色，纵皱裂，细枝多而柔软，嫩枝紫红色。叶子没有叶柄，在细枝上旋转互生，线状披针形，长1～2cm，宽约2mm，纸质，全缘；叶片芳香，叶色呈金黄或鹅黄色，老叶黄绿色；基生三出脉，仅中脉较明显。花小，白色，2～3朵腋生于细枝近末端，多组小花呈穗状排列，整体形如袖珍的“小瓶刷”。花期9—10月。

生态习性： 喜光，阳光越强则金黄的叶色愈加鲜艳，光照如果太弱，则色彩暗淡，故不适宜种植在遮阳的地方；喜温暖湿润环境，也有比较强的耐低温能力，宁波地区露天条件下可安全过冬；耐旱又耐涝，可在水边生长；抗强风能力强，也可在海边种植或作为防风固沙树种。

花境应用： 枝条柔软密集，随风飘逸，四季金黄，经冬不凋，是优良的观叶植物，可作为花境色彩点缀植物或骨架植物应用，也可作花境中景或背景材料。

黄金香柳

黄金香柳

33 松红梅 *Leptospermum scoparium*

别名： 松叶牡丹

科属： 桃金娘科，薄子木属

类别： 常绿小灌木

原产与分布： 原产新西兰、澳大利亚等地。在宁波适宜小气候栽植。

松红梅

性状特征： 株高约2m。分枝繁茂，枝条红褐色，较为纤细，新梢通常具有茸毛。叶互生，线状或线状披针形，叶长0.7～2cm，宽0.2～0.6cm。花有单瓣、重瓣之分，花色有红、粉红、桃红、白等多种颜色，直径0.5～2.5cm。花期很长，自然花期为晚秋至春末，江浙地区稍晚，一般在2—5月。

生态习性： 喜凉爽湿润、阳光充足的环境，但夏季怕高温和烈日，需适当遮阳；耐寒性不强，冬季须保持-1℃以上的温度；耐旱性较强；对土壤要求不严，但以富含腐殖质、疏松肥沃、排水良好的微酸性土壤最好；忌高温多湿，耐修剪，分枝能力强。

花境应用： 花朵虽小，但花色艳丽、花形精美、开花繁茂，盛开时满树的小花星星点点，明媚娇艳，给人以繁花似锦的感觉。观赏特性多样化，叶、花、株型均有观赏性，用于早春花境，适宜作中景或背景材料。

松红梅

松红梅

34 菲油果 *Feijoa sellowiana*

别名：斐济果、菠萝番石榴

科属：桃金娘科，菲油果属

类别：常绿灌木或小乔木

原产与分布：原产巴西、巴拉圭、乌拉圭和阿根廷。后被广泛种植于全球亚热带温暖地区的庭院中。在中国的引种地区主要有浙江、江苏、四川、湖南和天津、上海等地。

性状特征：树高1～7m。树皮呈浅灰色，枝节间膨胀，幼时有白毛。枝叶深绿发亮，叶对生，厚革质，椭圆形，长5～7.5cm，叶背面有银灰色的茸毛。花单生或簇生，直径4cm，花形奇特，花瓣4～6，倒卵形，紫红色，外被白色茸毛；花两性，自花授粉，花柱和雄蕊红色，顶端黄色。浆果长椭圆形至卵形，大小如猕猴桃，长2.5～7cm，果皮蜡质光亮，成熟时略微带红色。花期5月中旬至6月中旬，果期6—11月。

生态习性：喜光，光照充足有利于开花结果，但在部分遮阳条件下长势很好；耐高温，更喜凉爽且夜温较低的环境，可以适应短期-5℃至-10℃低温；耐旱、耐碱，对土壤要求不严，在黏性、砂质或肥沃的酸性、中性和微碱性土壤中均可生长；排水要求良好；生长速度中等。

相似植物：目前我国引种的菲油果品种主要有'Anatoki''Kakariki''Barton''Coolidge''Mammoth''Unique''Apollo''Gemini''Triumph'等，包含了早、中、晚熟3类品种。

花境应用：四季常绿、花色鲜艳、花香怡人，且果实可食用，是一种集绿化、观赏、食用于一体的观赏树种，枝条耐修剪，且修剪后会散发出清新的气味，可作花境骨架植物。

菲油果

菲油果

35 多花红千层 *Callistemon viminalis* 'Hannah Ray'

别名： 垂枝红千层

科属： 桃金娘科，红千层属

类别： 常绿灌木或小乔木

原产与分布： 原产澳洲。

性状特征： 株高3～4.5m。枝条下垂。叶互生，长披针形，长2.5～5.5cm，宽0.4～0.8cm，新叶黄绿色。穗状花序着生在树梢，鲜红色，长5～10cm，宽4～5cm，雄蕊多，花丝长。果实球状，容易开裂掉落。一年多次开花，春夏是其盛花期。

生态习性： 喜阳，幼苗畏寒；对土壤或环境要求不高，高湿和极干旱地区均可生长。花后即修剪，可以促其新枝生长和开花。

相似植物： 红千层（*C. rigidus*），株高2～4m。枝叶坚硬，叶线状披针形，先端急尖，灰绿色，密布小油腺点，嫩叶被丝状茸毛。穗状花序柱形，花丝深红色，密集。蒴果圆润光滑，坚硬，宽碗状，较大，排列密集。花期春夏季。兼具良好的耐湿性和耐旱性，生长稍慢。

美花红千层（*C. citrinus* 'Splendens'），也叫硬枝红千层。丛生灌木，株高3～4m。枝叶坚硬，叶长圆形。穗状花序鲜红色，密集。果实坛状，长挂枝上不易开裂。适应性强，稍耐霜冻，耐积水，较耐海滨环境，耐修剪。

花境应用： 花形奇特，色彩鲜艳美丽，开放时火树红花，可称为南方花木的一枝奇花，可作为花境骨架植物应用。

美花红千层

美花红千层

红千层

红千层

36 香桃木 *Myrtus communis*

别名： 香叶树

科属： 桃金娘科，香桃木属

类别： 常绿丛生灌木

原产与分布： 原产地中海地区，现中国南部有栽培。

香桃木

性状特征： 株高3～5m。小枝灰褐色，嫩梢有锈色毛。单叶对生，或在枝上部轮生，椭圆状披针形，先端尖，全缘，革质，叶片有光泽，具短柄，揉搓后具香气。花单生叶腋，或呈聚伞花序，白色，或略带紫红色，芳香。浆果扁圆形，紫黑色。花期5—6月，果期11—12月。

生态习性： 喜光，耐半阴；喜温暖湿润的环境，不耐寒；喜排水良好、湿润肥沃的土壤，亦可适应中性至偏碱性土壤；萌芽力强，耐修剪，病虫害少。

相似植物： 花叶香桃木（*M. communis* 'Variegata'），叶具金黄色斑纹，有光泽。

花境应用： 盛花期繁花满树，清雅脱俗，有香味，适宜作混合花境的主景或配景材料。

香桃木

花叶香桃木

花叶香桃木

37 红瑞木 *Cornus alba*

别名：凉子木、红瑞山茱萸

科属：山茱萸科，梾木属

类别：落叶灌木

原产与分布：原产黑龙江、吉林、辽宁、内蒙古、河北、陕西、甘肃、青海、山东、江苏、江西等地。

性状特征：高可达3m。茎干直立，丛生。枝血红色，无毛。叶对生，椭圆形。聚伞花序顶生，花小，黄白色。核果白色或略带蓝紫色。花期5—6月，果期8—10月。

生态习性：喜光，耐半阴；较耐寒；耐水湿，亦耐干旱瘠薄，喜深厚肥沃、湿润疏松的土壤；较耐修剪。

花境应用：秋叶鲜红，小果洁白，落叶后枝干红艳如珊瑚，是少有的观茎植物，可用于秋冬花境。

红瑞木

红瑞木

红瑞木

38 杜鹃花 *Rhododendron simsii*

别名：映山红、山石榴、山踯躅、红踯躅

科属：杜鹃花科，杜鹃花属

类别：常绿灌木

原产与分布：主要集中产地为贵州、湖北、江苏、安徽、浙江等地。

性状特征：高可达3m。小枝密被棕褐色扁平糙伏毛。叶长椭圆形，先端锐尖，全缘。花2～6朵簇生枝顶，宽漏斗形，花色有大红、深红、紫红、纯白、粉色、洒金等。花期4—6月，果期8—10月。

生态习性：喜光，稍耐阴；喜凉爽湿润环境；耐干旱、瘠薄，喜疏松肥沃的酸性土壤；不耐暴晒，夏秋应有适度遮阳，并经常用水喷洒地面；耐修剪，一般在3月前进行修剪，所发新梢，当年均能形成花蕾，过晚则影响开花。

相似植物：羊踯躅（*R. molle*），亦称黄杜鹃花，花黄色或金黄色，花期4—5月。

花境应用：种类繁多，花色绚丽，花、叶兼美，是中国十大传统名花之一，可用于春夏花境。

杜鹃花

杜鹃花

杜鹃花

杜鹃花

杜鹃花

杜鹃花
杜鹃花
杜鹃花
杜鹃花
杜鹃花
杜鹃花
羊踯躅
羊踯躅

39 蓝雪花 *Plumbago auriculata*

别名：蓝花丹、蓝雪丹、蓝花矶松、蓝茉莉

科属：蓝雪科，蓝雪属

类别：直立亚灌木

原产与分布：原产非洲，现中国华南地区的庭园中常露地栽培，长江流域及以北城市多盆栽观赏。

性状特征：株高1～2m，除花序外，全株无毛。枝具棱槽，幼时直立，长成后蔓性。叶片纸质，长圆状卵形，先端钝而具小尖头，基部楔形；叶柄基部扩大成耳状，抱茎。穗状花序顶生或腋生，花序轴密生细柔毛，有花8朵左右；苞片膜质，卵形，小苞片3，中间一片略大；花萼淡绿色；花冠浅蓝色，高脚碟状，管狭而长，顶端5裂。蒴果膜质。花果期7—8月。

生态习性：喜光，稍耐阴；喜温暖环境，耐热；中等耐旱；喜疏松的中性稍偏酸性土壤。

花境应用：叶色翠绿，花色淡雅，炎热的夏季给人以清凉感觉，可用于夏秋花境。

蓝雪花

蓝雪花

蓝雪花

40 美国金钟连翘 *Forsythia×intermedia*

科属：木犀科，连翘属

类别：半常绿灌木

原产与分布：原产美国。

性状特征：高1.5～2m。连翘与金钟花的杂交种，性状介于两者之间。枝拱形，髓呈片状。叶长椭圆形至卵状披针形，有时3深裂或成3小叶。花色金黄，花以金钟花为主。花期3—4月。

生态习性：喜光；耐旱；耐寒；不择土壤，抗病虫害能力强；耐修剪。

相似植物：金钟花（*F. viridissima*），先叶开放，花冠钟形，裂片4，黄色。

花境应用：集金钟、连翘之优点，早春满枝金黄，艳丽可爱；生长期枝条拱形展开，尤以晚秋初冬翠绿欲滴。可用于早春花境，作花境骨架材料。

金钟花

金钟花

美国金钟连翘

美国金钟连翘

41 花叶柊树 *Osmanthus heterophyllus* 'Variegata'

别名：彩叶刺桂、三色柊树

科属：木犀科，木犀属

类别：常绿灌木或小乔木

原产与分布：柊树的园艺品种。

性状特征：株高2～8m。树皮光滑，灰白色。叶片生长密集，叶面光滑平展，硬革质，长圆状椭圆形或椭圆形，，叶缘有5～7个刺状锯齿；色彩丰富，幼叶红色，逐渐变为黄红色并有小块绿色斑块，成叶绿色，上有浅黄色斑。花小，白色，有芳香。花期11—12月，果期翌年5—6月。

生态习性：怕涝，要求排水良好的砂质壤土。抗性强，病虫害极少；容易栽植，成活率高，容易管理，但生长慢。

花境应用：叶片全年都五彩缤纷，入秋白花朵朵，香气弥漫，沁人心脾，而且是叶中花，花中叶，异常美丽，是良好的观赏树种。适宜作花境色彩点缀材料和骨架材料。

花叶柊树

花叶柊树

42 金森女贞 *Ligustrum japonicum* 'Howardii'

别名：'哈娃蒂'日本女贞

科属：木犀科，女贞属

类别：常绿灌木

原产与分布：原产于日本及中国台湾。

金森女贞

性状特征：叶片厚，革质，稀疏，色泽明亮，春季新叶鲜黄色，至冬季转为金黄色。圆锥状花序，花白色，清香。果蓝黑色。花期3—5月。

生态习性：喜光；耐寒亦耐热；耐旱；对土壤要求不严；耐修剪，萌芽力强。

相似植物：金叶女贞（*L.* × *vicaryi*），叶片薄且密集，叶色金黄，尤其在春秋两季，色泽更加璀璨夺目。

'银霜'日本女贞（*L. japonicum* 'Jack Frost'），叶对生，倒卵圆形，革质，嫩叶绿，边缘粉红，成熟叶边缘由粉红逐渐转金黄，老叶少数会全部转绿。圆锥花序顶生，花白色，色彩亮丽。生长较快，萌芽力强，极耐修剪，抗逆性较强。

'柠檬之光'小叶女贞（*L. ovalifolium* 'Lemon and Lime'），叶卵形，先端较尖，平整，叶常年黄色。

花境应用：由于其叶片的色彩属于明度较高的金黄色，适宜作花境色彩点缀材料。

金森女贞

‘柠檬之光’小叶女贞

‘柠檬之光’小叶女贞

‘银霜’日本女贞

金叶女贞

金叶女贞

‘银霜’日本女贞

金叶女贞

银姬小蜡 *Ligustrum sinense* 'Variegatum'

别名：花叶女贞

科属：木犀科，女贞属

类别：常绿灌木

原产与分布：分布于日本、朝鲜半岛和中国辽宁及其以南广大地区。

性状特征：叶对生，椭圆形或卵形，全缘，有乳白或乳黄色斑纹。圆锥花序，小花白色。花期4—6月。

生态习性：喜强光，稍耐阴；极为耐寒；耐旱；耐瘠薄，对土壤适应性强，酸性、中性和碱性土壤均能生长；耐修剪。景观应用中一般不追施肥料，但为保持其银白色彩，可施些磷钾肥。

花境应用：叶片全年保持白边花色，极具观赏性，适宜作花境色彩点缀材料和骨架材料。

银姬小蜡

银姬小蜡

银姬小蜡

醉鱼草 *Buddleja lindleyana*

别名：紫花醉鱼草、大蒙花、酒药花

科属：马钱科，醉鱼草属

类别：落叶灌木

原产与分布：产于江苏、安徽、浙江、江西、福建、湖北、湖南、广东、广西、四川、贵州和云南等地。宁波野外有分布。

性状特征：株高1～3m。多分枝，小枝四棱形，嫩枝、叶背及花序密被黄色星状毛。叶对生，卵圆形至长圆状披针形，长3～11cm，全缘或具稀疏锯齿。穗状花序顶生，花序倾向一侧，长4～40cm，宽2～4cm；花冠筒稍弯曲，长1.1～1.7cm，紫色，芳香。花期4—10月。

生态习性：喜光；喜温暖环境，耐寒；耐旱，忌水涝，喜欢生长于地势高、干燥、排水好的地方；性强健，植株萌发力强，耐修剪，耐贫瘠及粗放管理。

相似植物：大叶醉鱼草（*B. davidii*），叶片大，长5～25cm。小聚伞花序集成穗状圆锥花序，花冠淡紫，花冠筒长0.6～1.1cm。花期5—10月，花色丰富，气味芬芳。蒴果，长圆形，两端具尖翅，并有许多变种。

大花醉鱼草（*B. colvilei*），落叶灌木。对生叶长圆形或椭圆状披针形，长7～16cm。花冠紫红或深红色，长2.3～3cm，花冠筒圆筒状钟形，长1.7～2.1cm。

醉鱼草

大叶醉鱼草

醉鱼草

大花醉鱼草

花境应用：醉鱼草春夏枝条下垂拱曲，花序淡雅秀丽，芳香怡人。夏秋季开花，花期长达百日之久，是极佳的观花灌木。可作夏秋花境材料。

大花醉鱼草

45 银边六月雪 *Serissa japonica* 'Variegata'

别名：银边满天星

科属：茜草科，白马骨属

类别：常绿灌木

原产与分布：六月雪的园艺种，中国各地均有栽培。

性状特征：高可达1m。枝条纤细，成株分枝浓密。叶缘有银白色狭边。花小而密，花白色，漏斗形。花期5—7月。

生态习性：喜光，也较耐阴，畏烈日；对温度要求不高；耐旱；对土壤要求不严；萌芽力强，耐修剪，管理粗放。

相似植物：六月雪（*S. japonica*），花小，单生或数朵丛生于小枝顶部或腋生，花冠漏斗状，白色带红晕或淡粉紫色。树形纤巧，在盛夏开出繁茂小白花，如同一片白雪。

花境应用：树姿优美，枝叶扶疏，玲珑清雅，为园林绿化中优美的观花、观叶树种，常用作花境中景或镶边材料。

银边六月雪

银边六月雪

银边六月雪

46 花叶栀子 *Gardenia jasminoides* 'Variegata'

科属：茜草科，栀子属

类别：常绿灌木

原产与分布：栀子的一个栽培品种。

小叶栀子

性状特征：植株多低矮。树皮灰色，嫩枝绿色。叶对生或主枝轮生，倒卵状长椭圆形，长5～14cm，叶缘不规则黄化，呈金黄色。花单生枝顶或叶腋，白色，浓香；花冠高脚碟状，6裂，肉质。花期6—8月。

生态习性：喜光，较耐阴；喜温暖湿润及通风良好的环境，耐寒性稍弱；喜排水良好、疏松、湿润、肥沃的酸性土壤；长势快，抗病虫害能力强，萌芽力强，耐修剪。

相似植物：大花栀子（*G. jasminoides* f. *grandiflora*），株高可达2m，花较大，直径6～8cm。

小叶栀子（*G. jasminoides*），株高10～20cm，枝蔓呈匍匐状水平生长，叶片小而窄，革质，翠绿有光泽。开花比较多，但是花很小。

花境应用：叶缘具不规则金黄色，远看似丛丛花朵，花色洁白，浓香扑鼻，可用于花境的配景材料。与各类观花、观叶植物配植均宜，能丰富花境的色彩和季相景观效果。

花叶栀子

大花栀子

47 金叶莸 *Caryopteris×clandonensis* 'Worcester Gold'

科属：马鞭草科，莸属

类别：常绿灌木

原产与分布：主要栽种于中国华北、华中、华东及东北地区温带针阔叶混交林区。

金叶莸

性状特征：株高可达1.2m。枝条圆柱形。单叶对生，披针形，叶面鹅黄色，光滑，叶背具银色毛。聚伞花序腋生，常再组成伞房状复花序，花蓝紫色，自下而上开放。花期7—9月。

生态习性：喜光，耐半阴；耐热，有一定耐寒性，在-20℃以上的地区能够安全露地越冬；耐旱，忌涝；耐瘠薄；萌蘖力强，易于管理，

金叶莸

金叶莸

耐修剪，在生长季节越修剪，叶片的黄色越鲜艳，萌发的新叶越鲜亮美观。

花境应用：叶片金黄色，从展叶初期到落叶终期，从基部到穗部，叶片始终一片金黄，花色淡雅且清香，观赏价值高，是优良的彩叶灌木，可作花境色彩点缀材料。

48 匍匐迷迭香 *Rosmarinus officinalis* 'Prostratus'

科属：唇形科，迷迭香属

类别：常绿灌木

原产与分布：原产欧洲及非洲北部地中海沿岸，现中国有引种栽培。

性状特征：枝条半匍匐状。叶对生，灰绿色，芳香。唇形花对生，少数花聚集在短枝顶端组成总状花序；花色有白、蓝、浅蓝、粉红、紫色等色。花期10月至翌年7月。

生态习性：喜光；喜温暖环境，耐寒；耐干旱；对炎热、水湿有一定抵抗能力，但在湿热条件下生长衰弱；土壤需排水性良好；抗性较强，几乎无虫害。栽培时注意控水，过热时注意遮阳。

匍匐迷迭香

相似植物：迷迭香（*R. officinalis*），又叫直立迷迭香，直立生长，高可达2m。叶丛生，叶面光亮。花腋生，花冠蓝色。花期11月。开花较少，味道较其他品种浓，适宜大量栽植。

花境应用：迷迭香类植物为芳香植物，香味浓郁，具有较高的观赏价值，可作为花境配材应用。

匍匐迷迭香

迷迭香

迷迭香

迷迭香

49 水果蓝 *Teucrium fruticans*

别名：银石蚕　　**类别**：常绿灌木

科属：唇形科，香科科属　　**原产与分布**：原产地中海地区。

性状特征：高可达1.8m。小枝四棱形，全株被白色茸毛，以叶背和小枝最多。叶对生，全缘无缺刻，长卵圆形，长1～2cm，宽1cm，叶面呈淡淡的蓝灰色。花冠唇形，淡紫色。花期3—4月。

生态习性：喜光，稍耐阴；耐寒；耐干旱瘠薄，对土壤要求不高；萌蘖力强，耐修剪。

花境应用：水果蓝与众不同的是它奇特的叶色，叶片全年呈现出淡淡的蓝灰色，远远望去与其他植物形成鲜明的对比，适宜作花境的背景材料。

水果蓝

水果蓝

50 地中海荚蒾 *Viburnum tinus*

科属： 忍冬科，荚蒾属

类别： 常绿灌木

原产与分布： 原产欧洲地中海沿岸地区。

性状特征： 树冠呈球形，冠径可达2.5～3m。叶椭圆形，深绿色。聚伞花序，单花小；花蕾粉红色，盛开后白色。花期11月至翌年4月。

生态习性： 喜光，也耐阴；能耐-15℃的低温；较耐旱；对土壤要求不严，忌土壤过湿；生长快速，枝叶繁茂，耐修剪；易形成花芽，一二年生幼树常见开花。

相似植物： 蝴蝶戏珠花（*V. plicatum* f. *tomentosum*），别名蝴蝶荚蒾。花形如盘，真花如珠，装饰花似粉蝶，远眺酷似群蝶戏珠，惟妙惟肖。适于庭园配植，春夏赏花，秋冬观果。

木绣球（*V. macrocephalum*），别名绣球荚蒾。球状大型复伞花序顶生，全部由不孕花组成，花冠辐状，白色。花期4—5月。

荚蒾（*V. dilatatum*），花冠白色，辐状，花药小，乳白色。

天目琼花（*V. opulus* var. *calvescens*），别名鸡树条。花冠杯状，辐状开展，乳白色，花药紫色。花期5—6月。

琼花（*V. macrocephalum* f. *keteleeri*），又称聚八仙、蝴蝶花。半常绿灌木。聚伞花序生于枝端，周边八朵为萼片发育成的不孕花，中间为两性小花。花大如盘，洁白如玉。花期4—5月。

花境应用： 冠形优美，花蕾殷红，花蕾期长达5个多月，翌年3月中旬盛开时满树繁花，一片雪白。秋可观蕾，冬末春初可观花，可作秋冬花境材料。

地中海荚蒾

地中海荚蒾

蝴蝶戏珠花
蝴蝶戏珠花
蝴蝶戏珠花
蝴蝶戏珠花
荚蒾
荚蒾
琼花
荚蒾

木绣球

木绣球

琼花

天目琼花

天目琼花

51 金叶接骨木 *Sambucus canadensis* 'Aurea'

科属：忍冬科，接骨木属

类别：落叶灌木

原产与分布：原产加拿大东部和美国东北部，中国有引种栽培。

性状特征：株高2～3m，冠幅1.5～2.5m。老枝皮孔比较明显，髓部乳白至淡黄色，茎节比较明显。奇数羽状复叶，小叶5～7枚，椭圆状或长椭圆披针形，长7～12cm，宽4～6cm，边缘有锯齿，新叶金黄色，成熟叶黄绿色。聚伞状圆锥花序顶生，直径约15cm；花小，5裂，辐射状；花萼杯状；花冠白色。浆果红色，成熟后变为黑紫色。花期5—6月，果期7—9月。

金叶接骨木

生态习性： 喜光，耐半阴；耐热，耐寒；半肉质根不耐水淹，耐旱，喜肥。

相似植物： 花叶接骨木（*S. nigra* 'Aureo-Variegata'），叶片上有黄色斑纹，花白色。花期5—6月。

花境应用： 枝叶繁茂，整个生长季叶色金黄，春季白花满树，夏秋红果累累，是良好的观赏灌木，可作为花境色彩点缀材料和骨架材料。

花叶接骨木

52 '红王子'锦带花 *Weigela florida* 'Red Prince'

科属： 忍冬科，锦带花属

类别： 落叶灌木

原产与分布： 原产美国，中国有引种栽培。

性状特征： 株高1～2m。枝条扶疏，嫩枝淡红色，老枝灰褐色。单叶对生，叶椭圆形，先端渐尖，叶缘有锯齿，幼枝及叶脉具柔毛。聚伞花序生于小枝顶端或叶腋；花冠5裂，漏斗状钟形，花冠筒中部以下变细，雄蕊5枚，雌蕊1枚。蒴果柱状，黄褐色。花期5—6月，果期8—9月。

生态习性： 喜光，耐阴，耐寒，耐旱。早春在枝条萌动前应将干枯枝条剪掉，并适当追施肥料，以促进新枝健壮生长。夏季高温时节雨量较多时，应注意排水，以防根腐病。冬季不需防寒，但在入冬前，要浇一次肥水，以提高其抗寒的能力。

相似植物： 花叶锦带花（*W. florida* 'Variegata'），叶缘为白色至黄色，花冠钟形，紫红至淡粉色。

紫叶锦带花（*W. florida* 'Foliia Purpureis'），花色鲜红，繁茂艳丽。整个生长季叶片为紫红色。抗寒性强，可耐-20℃左右低温，也较耐干旱、耐污染。

锦带花（*W. florida*），花冠漏斗状钟形，玫瑰红色，花大色美，花枝繁密，灿如锦带。其喜光，耐阴，耐寒，对土壤要求不严。

海仙花（*W. coraeensis*），花1～4朵组成伞房花序，花冠漏斗状钟形，玫瑰红色。花期5—6月。

花境应用： '红王子'锦带花是优良的夏初开花灌木，花朵密集，花冠胭脂红色，艳丽夺目。花序上有盛开的花朵，也有许多小花蕾，先开的花朵凋谢，小花蕾又继续开放，花期长达一个月之久。可用于春夏花境。

'红王子'锦带花

'红王子'锦带花

花叶锦带花

花叶锦带花

花叶锦带花

锦带花

锦带花

紫叶锦带花

海仙花

‘红王子’锦带花

53 金叶大花六道木 *Abelia×grandiflora* 'Aurea'

科属: 忍冬科，六道木属

类别: 常绿灌木

原产与分布: 原产法国，中国华东、西南及华北地区可露地栽培。

性状特征: 株高50～80cm。小枝细圆，阳面紫红色，弓形。叶小，长卵形，边缘具疏浅齿，在阳光下叶片金黄色，光照不足处则叶色转绿。圆锥状聚伞花序，花小，白里带粉，繁茂而芬芳。花期6—11月。

生态习性: 喜光；耐热，能耐-10℃低温；对土壤适应性较强；萌蘖力强，耐修剪，生长期和早春需加强修剪，以利于保持树形丰满。

相似植物: 六道木（*A. biflora*），喜光，耐寒，耐旱，萌蘖力强，其枝叶婉垂，树姿婆娑，花开美丽，萼裂片特异。

大花六道木（*A.×grandiflora*），喜光，耐干旱瘠薄，萌蘖力强。

花境应用: 植株叶片有金边，花开枝端，花冠钟状，两两成对，花色白且繁多，惹人喜爱。其花期自春到秋，可用于夏秋花境，作花境色彩点缀及中景材料。

金叶大花六道木

金叶大花六道木　金叶大花六道木

六道木　大花六道木

54 匍枝亮绿忍冬 *Lonicera nitida* 'Maigrun'

别名：匍枝亮叶忍冬　　类别：常绿灌木

科属：忍冬科，忍冬属　　原产与分布：原产中国西南部。

性状特征： 高2～3m。枝叶密集，小枝细长，横展生长。叶对生，细小，卵形至卵状椭圆形，革质，全缘。花腋生，并列着2朵花，花冠管状，淡黄色，清香。浆果蓝紫色。

生态习性： 在全光照下生长良好，也能耐阴；耐寒力强，能耐-20℃低温，也耐高温；对土壤要求不严，对酸性土、中性土及轻盐碱土均能适应。

花境应用： 四季常青，叶色亮绿，可作花境镶边材料。

匍枝亮绿忍冬

匍枝亮绿忍冬

55 ‘红星’澳洲朱蕉 *Cordyline australis* 'Red Star'

别名：红星朱蕉

科属：百合科，朱蕉属

类别：常绿灌木

原产与分布：原产澳大利亚、新西兰，现中国有引种栽培。

性状特征： 株高30～90cm，直立丛生。叶细长，剑形，终年紫红色。

生态习性： 喜半阴；喜高温多湿环境，不耐旱，不耐寒；要求富含腐殖质和排水良好的酸性土壤，忌碱土，植于碱性土壤中叶片易黄，新叶失色。

相似植物： ‘红巨人’朱蕉（*C. australis* 'Red Sensation'），叶聚生于茎或枝的上端，矩圆形至矩圆状披针形，叶面褐色带紫红色边，叶背紫红色。

花境应用： 叶终年紫红色，可作花境色彩点缀材料。

‘红星’澳洲朱蕉

‘红巨人’朱蕉

56 凤尾兰 *Yucca gloriosa*

别名：菠萝花、厚叶丝兰、凤尾丝兰

科属：龙舌兰科，丝兰属

类别：常绿灌木

原产与分布：原产北美东部及东南部，现中国长江以南各地均有栽培。

性状特征：株高可达2.5m。茎短，有时分枝。叶剑形，硬直，长40～60cm，宽5～10cm，顶端硬尖，边缘光滑，老叶边缘有时具疏丝。花大而下垂，乳白色，端部常带紫晕。蒴果干质，椭圆状卵形，不开裂。花期6—10月。

生态习性：喜光，亦耐阴；喜温暖湿润环境，耐寒；耐旱也较耐湿；对土壤要求不严，耐瘠薄，喜排水好的砂质壤土；性强健，抗污染，萌芽力强；对肥料不苛求，可适当培土施肥，以促进花序的抽放。

相似植物：金边凤尾兰（*Y. gloriosa*'Bright Rdge'），叶片呈剑形，叶缘在春夏季呈较宽的金黄色。

丝兰（*Y. smalliana*），茎很短或不明显，叶近莲座状簇生，坚硬，近剑形或长条状披针形，长25～60cm，宽2.5～3cm，顶端具一硬刺，边缘有许多稍弯曲的丝状纤维。花莛高大而粗壮；花近白色，下垂，排成狭长的圆锥花序，花序轴有乳突状毛，秋季开花。

金心丝兰（*Y. filamentosa* 'Golden Sword'），叶大部分为黄色，有狭窄的绿色边缘。

花境应用：树态奇特，叶色常年浓绿，剑形叶辐状排列整齐。开花时花莛高耸挺立，花色洁白，白花下垂如铃，姿态优美。秋季两次开花，幽香怡人。凤尾兰叶、花皆美，可作花境主景材料。

丝兰

凤尾兰

凤尾兰

金边凤尾兰

金边凤尾兰

金心丝兰

七、宁波野生花境植物

大戟 *Euphorbia pekinensis*

别名：京大戟

科属：大戟科，大戟属

类别：多年生花卉

原产与分布：原产中国，广泛分布于全国各地，宁波有野生分布。

大戟

性状特征：株高40～80cm，茎单生或自基部多分枝。叶互生，常为椭圆形；主脉明显，侧脉羽状，不明显；总苞叶4～7枚，长椭圆形。花序单生于二歧分枝顶端，无柄；总苞杯状，具腺体，淡褐色。花期5—8月，果期6—9月。

生态习性：生于山坡、灌丛、路旁、荒地、草丛、林缘和疏林内。

花境应用：可作花境的中景材料。

兰香草 *Caryopteris incana*

别名：婆绒花

科属：马鞭草科，莸属

类别：落叶小灌木

原产与分布：分布于陕西、甘肃、四川、湖北、湖南、浙江、广东、广西等地。宁波有野生分布，多生长在岩石环境中。

兰香草

性状特征：株高26～60cm。嫩枝圆柱形，略带紫色，被灰白色柔毛，老枝毛渐脱落。叶片厚纸质，披针形、卵形或长圆形，边缘有粗齿，很少近全缘，两面有黄色腺点，背脉明显；叶柄被柔毛。聚伞花序紧密，腋生和顶生，无苞片和小苞片；花冠淡紫色或淡蓝色，二唇形，外面具短柔毛，花冠管长约3.5mm，喉部有毛环，花冠5裂，下唇中裂片较大，边缘流苏状。花果期8—11月。

生态习性：多生长于较干旱的山坡、路旁或林边。

花境应用：植株带有特殊香味，可作花境的前景材料。

3 野芝麻 *Lamium barbatum*

科属： 唇形科，野芝麻属

类别： 多年生花卉

原产与分布： 产于中国东北、华北、华东各地，西北部的陕西、甘肃，中南部的湖北、湖南以及西南部的四川、贵州都有分布。俄罗斯远东地区及朝鲜、日本也有分布。

性状特征： 株高可达1 m。叶对生，茎下部的叶卵圆形或心脏形，茎上部的叶卵圆状披针形，较茎下部的叶为长而狭。轮伞花序有4～14花，花冠白色或浅黄色，筒基部狭窄，上部囊状膨大，上唇弓形内弯，下唇较短，花药深紫色。花期4—5月。

生态习性： 喜充足的散射光；较耐热，较耐寒；耐旱；不择土壤，以肥沃、排水良好的壤土为佳。

花境应用： 花期相对早，可用于春季花境，作花境的中景或背景材料，特别适合点缀于岩石花境或用于林缘花境。

野芝麻

野芝麻

4 天目地黄 *Rehmannia chingii*

科属： 玄参科，地黄属

类别： 多年生半常绿花卉

原产与分布： 原产浙江和安徽，为中国特有植物。宁波的宁海县有野生分布。

性状特征： 株高30～60 cm，全株被多节长柔毛。茎单出或基部分枝。基生叶莲座状排列，椭圆形，纸质，边缘有不规则锯齿；茎生叶外形与基生叶相似，向上逐渐缩小，叶面绿色、皱缩，叶背紫红色。总状花序顶生或单生叶腋，花大，花冠紫红色，内部黄色有紫斑。花期4—5月。

生态习性： 喜阴湿凉爽的环境，稍耐寒，忌高温。

花境应用： 花序醒目，花大色艳，可作花境前景材料，特别适宜林缘花境。

天目地黄

天目地黄

5 蜂斗菜 *Petasites japonicus*

别名：冬花、款冬

科属：菊科，蜂斗菜属

类别：多年生花卉

原产与分布：原产中国，分布于长江流域地区，宁波有野生分布。

性状特征：株高30～60cm，雌雄异株，全株被白色茸毛或绵毛。基生叶具长柄，心形或肾形，不分裂，边缘有细齿，基部深心形。雄株花莛在花后高10～30cm，不分枝，被密或疏褐色短柔毛；头状花序多数，在上端密集成密伞房状，有同形小花。雌株花莛高15～20cm，有密苞片，在花后常伸长，高近70cm；密伞房状头状花序，花后排成总状，稀下部有分枝，具异形小花。雌花白色，雄花黄白色，均有冠毛。花期4—5月，果期6月。

生态习性：喜半阴；喜湿润的环境；耐寒，亦耐高温。

花境应用：叶片大，宜用于林下的半阴环境的花境。

蜂斗菜

蜂斗菜

6 蹄叶橐吾 *Ligularia fischeri*

别名：马蹄叶、肾叶橐吾

科属：菊科，橐吾属

类别：多年生花卉

原产与分布：原产四川、湖北、贵州、湖南、河南、安徽、浙江、甘肃、陕西等省及华北、东北地区。在尼泊尔、锡金、不丹、俄罗斯、蒙古、朝鲜、日本也有分布。

性状特征：株高50～80cm。茎高大，直立，茎上部及花序被黄褐色有节短柔毛，下部光滑，基部被褐色枯叶柄纤维包围。叶肾形，较大，先端圆形，边缘有整齐的锯齿，两面光滑，具叶柄；叶脉掌状，主脉5～7条，明显突起。总状花序长25～75cm，缘花舌状，黄色；盘花管状。花期7—10月。

生态习性：耐阴，耐寒性好，喜排水良好的湿润土壤。

相似植物：大头橐吾（*L. japonica*），茎直立，高50～100cm，叶肾形，直径约40cm，掌状3～5全裂，裂片长14～18cm，再作掌状浅裂，小裂片羽状或具齿。

花境应用：叶色翠绿，花黄色，是优良的观叶观花植物，适宜作为花境的背景或中景填充材料。

蹄叶橐吾

蹄叶橐吾

大头橐吾

大头橐吾

7 玉竹 *Polygonatum odoratum*

科属：百合科，黄精属

类别：多年生花卉

原产与分布：原产中国西南地区，现中国大部分地区均有分布。

性状特征：株高20～50cm。根茎圆柱形，地上茎直立或稍弯拱。叶互生，椭圆形至卵状矩圆形，先端急尖，叶面绿色，叶背带灰白色，脉上平滑至呈乳头状粗糙。伞形花序通常具2花，腋生，下垂，花被白色或顶端黄绿色，裂片近圆形，合生成钟形。花期5—6月。

生态习性：喜半阴，忌强光直射与多风；耐阴湿；适宜生长在富含腐殖质的疏松土壤。

相似植物：花叶多花玉竹（*P. odoratum* var. *plruiflorum*

多花黄精

'Variegatum'），也称斑叶玉竹，叶面有白色纵纹。

多花黄精（*P. cyrtonema*），与玉竹的区别在于根茎呈结节状。株高可达1m。叶互生，椭圆形、卵状披针形至矩圆状披针形。伞形花序，花被黄绿色。浆果黑色。花期5—6月，果期8—10月。

花境应用：茎叶挺立，花形别致，适宜作林缘花境材料。

花叶多花玉竹

玉竹

玉竹

8 绵枣儿 *Scilla scilloides*

别名：地枣、黏枣

科属：百合科，绵枣儿属

类别：夏季休眠球根花卉

原产与分布：原产中国和东亚地区，宁波各地均有野生分布。

绵枣儿

性状特征：基生叶通常2～5枚，狭带状，长15～40cm，宽2～9mm，柔软。花莛通常比叶长；总状花序长2～20cm，具多数花；花朵小，直径4～5mm，在花梗顶端脱落；花色为紫红、粉红至白色。花果期7—11月。

生态习性：常见生长在山坡、草地、路旁或林缘。

花境应用：通常花叶不相见，秋冬季陆续长出新叶，夏季地上部分枯死，初秋抽生出花序，花境中宜用于与其他秋冬枯萎的花卉相套种。

绵枣儿

绵枣儿

9 山姜 *Alpinia japonica*

别名：山姜花、野山姜

科属：姜科，山姜属

类别：常绿球根花卉

原产与分布：分布于浙江、江西、福建、台湾、湖北、湖南、广东、广西、四川、贵州和云南等地。宁波山区有野生分布。

性状特征：株高35～70cm。根状茎分枝，多节，幼嫩部分红色，生细长而稀少的须根；茎直立，丛生。叶互生，常排为两列，长椭圆形或宽披针形，长25～40cm，宽4～7cm，先端尖，基部楔形，密生茸毛。总状花序顶生于有叶的茎顶，密生锈色茸毛，长15～30cm；花白色稍带红条纹。果实宽椭圆形，直径1cm，红色，表面密生毛。花期4—8月，果期7—12月。

生态习性：喜温暖潮湿环境；宜选择肥沃疏松的夹砂土或腐殖质土栽培。

花境应用：耐阴湿，宜用作林下半阴环境的花境材料。

山姜

山姜

10 宁波溲疏 *Deutzia ningpoensis*

别名：空心付常山、老鼠竹

科属：虎耳草科，溲疏属

类别：落叶灌木

原产与分布：原产陕西、安徽、湖北、江西、福建和浙江等地，常生于海拔500～800m的山谷或山坡林中。宁波山区潮湿处多有生长。

性状特征：株高1～2.5m。老枝灰褐色，无毛；花枝红褐色，长10～18cm，具6叶，被星状毛，枝细，略下垂。叶厚纸质，卵状长圆形或卵状披针形，边缘具疏离锯齿或近全缘，叶背密生灰白色星状毛。圆锥花序塔形；花繁密，白色。花期5—7月。

生态习性：喜光，稍耐阴；喜温暖、湿润环境，稍耐寒；对土壤的要求不严，喜微酸性、中性土壤；性强健，萌芽力强，耐修剪。

相似植物：溲疏（*D. scabra*），株高达3m，树皮薄片状剥落。小枝中空，红褐色，幼时有星状柔毛。直立圆锥花序，长5～12cm，花瓣5枚，白色或外面略带红晕。花期5—6月。

重瓣溲疏（*D. scabra* var. *plena*），花重瓣，白色，偶有外轮花瓣外面带浅紫红色。

长江溲疏（*D. schneideriana*），株高1～2m。小枝有毛，叶背无白粉。

黄山溲疏（*D. glauca*），株高1.2～2m。小枝无毛，叶背微被白粉。

浙江溲疏（*D. faberi*），株高1～3m。小枝疏生星状毛，叶两面有毛，叶背白色。花序伞房状；花瓣5，白色，狭倒卵形。

宁波溲疏

红花溲疏（*D. silvestrii*），花瓣粉红色。

花境应用：初夏白花满树，洁净素雅，适宜作花境中景和后景材料，亦可与假山石配植成岩石花境。

红花溲疏

红花溲疏

宁波溲疏

黄山溲疏
黄山溲疏
溲疏
溲疏
长江溲疏
长江溲疏
浙江溲疏
浙江溲疏

重瓣溲疏

重瓣溲疏

重瓣溲疏

11 紫珠 *Callicarpa bodinieri*

别名：珍珠枫

科属：马鞭草科，紫珠属

类别：落叶灌木

原产与分布：分布于华东各省及湖北、湖南、广东、广西、贵州、四川和云南等地。宁波有野生分布。

性状特征：株高1～3m，全株均被星状毛。单叶对生，卵状椭圆形，先端渐尖，基部楔形，边缘有细锯齿，叶面有短柔毛，叶背密被星状柔毛，两面密生红色腺点。聚伞花序4～5次分歧，花冠紫红色，有暗红色腺点。果球形，成熟后呈紫色，有光泽，经冬不凋。花期6—7月，果期9—10月。

生态习性：喜光，稍耐阴；喜温暖湿润环境，不耐寒；怕风，忌干旱；土壤以肥沃、湿润、排水良好的红黄壤为好。萌发条多，根系极发达，为浅根树种。平时管理较为粗放，天气干旱时注意浇水，避免土壤长期干旱；喜肥，栽培中应注意水肥管理。每年春季萌动前进行一次修剪，剪除枯枝、枯梢以及残留的果穗，将过密的枝条疏剪。

紫珠

相似植物：华紫珠（*C. cathayana*），除嫩枝和总花梗略有星状毛外，其余无毛。花丝与花冠近等长或略长。

白棠子树（*C. dichotoma*），株高1～2.5m；小枝带紫色，有星状毛，略呈四棱形。叶背有明显或不明显的黄棕色腺点。花冠淡紫红色，无毛，花丝长约花冠的2倍。果球形，紫色，直径约2mm，久不落，可观果。花期5—6月，果期7—11月。

花境应用：株型秀丽，花色绚丽，果实色彩鲜艳，珠圆玉润，犹如一颗颗紫色的珍珠，是一种既可观花又能赏果的优良植物，可作为花境的前景或中景材料，也可与岩石、假山配植岩石花境。

白棠子树

华紫珠

白棠子树

华紫珠

第三章　宁波花境案例分析

一、路缘花境

路缘花境案例1

1. 花境概况

此花境位于宁波植物园儿童游乐小火车轨道旁，可归列为路缘花境，当火车经过时，其丰富的层次给人以视觉享受。

2. 平面布置图

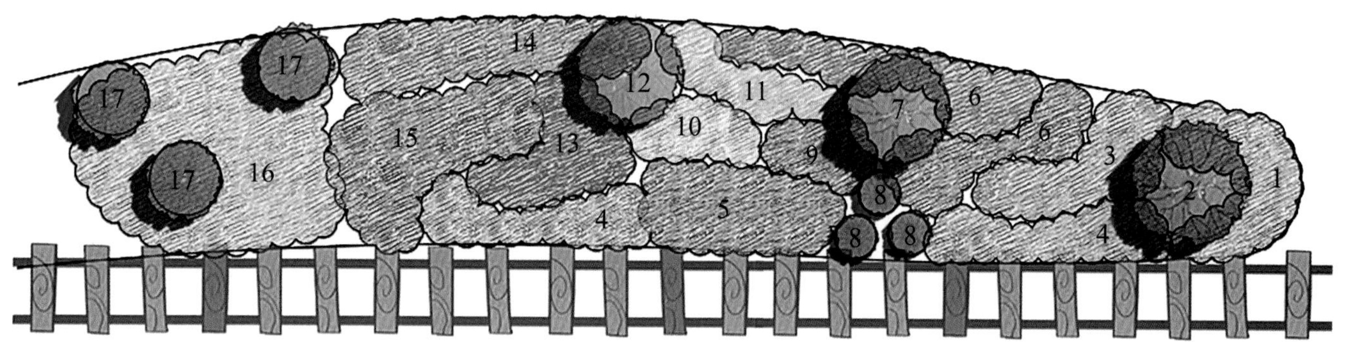

3. 植物列表

1	紫娇花	2	‘完美’钝齿冬青
3	石竹	4	荷兰菊
5	美女樱	6	新几内亚凤仙
7	‘银边’枸骨叶冬青	8	金边凤尾兰
9	藿香蓟	10	染料木
11	金叶大花六道木	12	羽毛枫
13	火焰南天竹	14	天竺葵
15	南非万寿菊	16	西洋杜鹃
17	红千层		

4. 案例分析

(1)花境配置

花色丰富，有黄色的染料木，粉色的西洋杜鹃、美女樱，紫色的紫娇花、石竹，蓝紫色的南非万寿菊、藿香蓟，红色的天竺葵、火焰南天竹、红千层等。叶色也是其一大特色，黄绿色的‘完美’钝齿冬青、冬季红叶的火焰南天竹、花叶的‘银边’枸骨叶冬青等。景观四季变换：春季染料木、石竹、藿香蓟、美女樱、天竺葵相继开放；进入夏季后有紫娇花、西洋杜鹃、新几内亚凤仙、红千层、金叶大花六道木、南非万寿菊等加入阵营；秋季天气逐渐凉爽，金叶大花六道木悄然开放，羽毛枫、火焰南天竹开始变色，红绿相间，秋意更深；冬日是萧条的，但是这个花境依然保持着它的活力，火焰南天竹的红叶、‘完美’钝齿冬青、‘银边’枸骨叶冬青的红果经冬不凋，金叶大花六道木、西洋杜鹃、金边凤尾兰叶色终年不变，为白茫茫的冬季提供了一抹黄绿色。

(2)效果解析

此花境不同于普通的路缘花境，铁轨的刚直与花境植物的柔美相互碰撞，是刚与柔的完美结合，铺散碎石与土壤颗粒的融合格外和谐、天衣无缝，自然而有野趣。

5. 实景图

春景

春景

春景

春景

秋景

路缘花境案例2

1. 花境概况

此花境位于宁波植物园松柏园与桂花园的道路交叉口，整体呈三角形，起到交通岛的作用。

2. 平面布置图

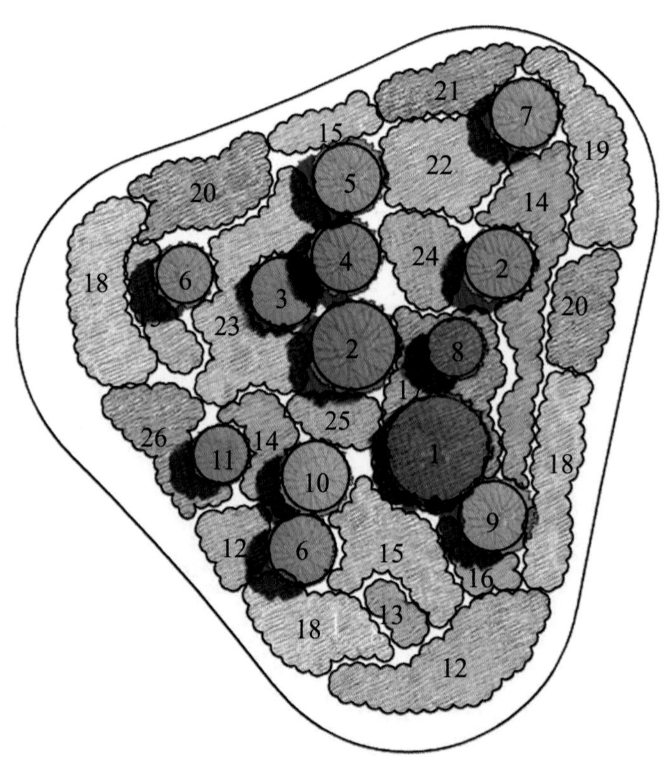

3. 植物列表

1	紫薇	2	小蜡（球）
3	红花檵木（球）	4	欧洲彩叶女贞（球）
5	金心胡颓子（球）	6	金边胡颓子（球）
7	金叶卵叶女贞（球）	8	金森女贞（球）
9	瓜子黄杨（球）	10	金叶枸骨（球）
11	金叶女贞（球）	12	金叶大花六道木
13	花叶柊树	14	小叶栀子
15	匍匐迷迭香	16	花叶香桃木
17	厚皮香	18	黄金络石
19	花叶络石	20	石竹
21	紫竹梅	22	雀梅藤
23	金叶女贞	24	细叶芒
25	蒲苇	26	杜鹃花

4. 案例分析

(1)花境配置

此花境以木本植物为主，配以少量观赏草及花卉，植物布置极具层次。以纵向论，春末至秋初花开不断的紫薇占据了花境最高点，在较远距离就能吸引人眼球；稍矮的各类球状观叶植物分散在其周围，构成了中景，如红花檵木(球)、欧洲彩叶女贞(球)、金心胡颓子(球)、金边胡颓子(球)、金叶枸骨(球)、花叶香桃木等；而相对更低矮的植物作为下层，如金叶大花六道木、黄金络石、花叶络石、杜鹃花、石竹、紫竹梅等。从平面看，以紫薇为中点，其外围偏环形的中间层植物合理种植在其周围，最外圈的下层植物形成了外环，各环植物又有高低错落感，从不同的角度观看，有不同的效果。尽管观花类植物偏少，但观叶的灌木布置其间，丰富着花境的色彩，白色花的女贞类植物和六道木、红色杜鹃花、紫色三色堇(后更换成粉红色的石竹)作为花色的补充，观赏草的点缀，尤其大花是蒲苇雌花圆锥花序经冬不落，也为花境增色不少。

(2)效果解析

如此设计的花境，既起到了交通岛的引导功能，同时又有步移景异的观赏亮点。

5. 实景图

夏景

春景

秋景

路缘花境案例3

1. 花境概况

此花境位于宁波植物园水生湿生植物区，临桂花园和槭树秋香园的休憩亭廊旁，在石砌挡土墙上，以石围砌成花坛状，旁有石梯踏步，总体形成一个台式花境。

2. 平面布置图

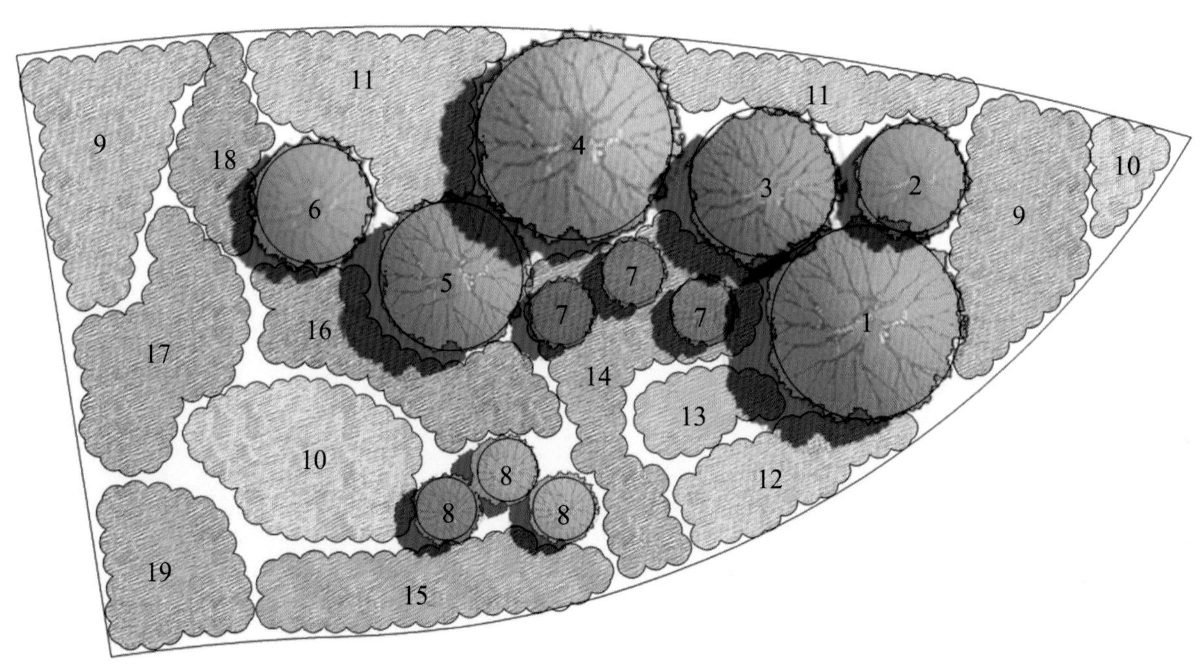

3. 植物列表

1	水果蓝（球）	2	火焰卫矛（球）
3	越橘	4	金边胡颓子（球）
5	滨柃（球）	6	朱蕉
7	‘红巨人’朱蕉	8	金边凤尾兰
9	石竹	10	染料木
11	毛地黄钓钟柳	12	金叶薹草
13	金叶卵叶女贞（球）	14	南非万寿菊
15	花叶玉簪	16	紫娇花
17	毛地黄	18	花叶玉蝉花
19	‘粉公主’美女樱		

4. 案例分析

(1)花境配置

此花境植物均为较低矮型的，球状的水果蓝、金边胡颓子、火焰卫矛、滨柃、金叶卵叶女贞和艳红的朱蕉占据了上层。鲜花绽放时，白蓝泛紫色的毛地黄钓钟柳、紫红色的毛地黄、紫色的花叶玉蝉花和粉紫色的紫娇花也为上层植物增色不少。相对矮小的金叶薹草、石竹、南非万寿菊、花叶玉簪、‘红巨人’朱蕉和‘粉公主’美女樱也分布其中。

(2)效果解析

此花境体量较小，不到3 m^2，却种有19种植物。花境中所用植物虽均为较低矮型的，却也布置出了层次感，观叶与观花互补，使之色彩四季不同。

5. 实景图

夏景

夏景

夏景

路缘花境案例4

1. 花境概况

此花境位于宁波植物园进化之路儿童小火车铁路两旁，配植种类丰富的观赏草，呈带状布置于轨道两侧。

2. 平面布置图

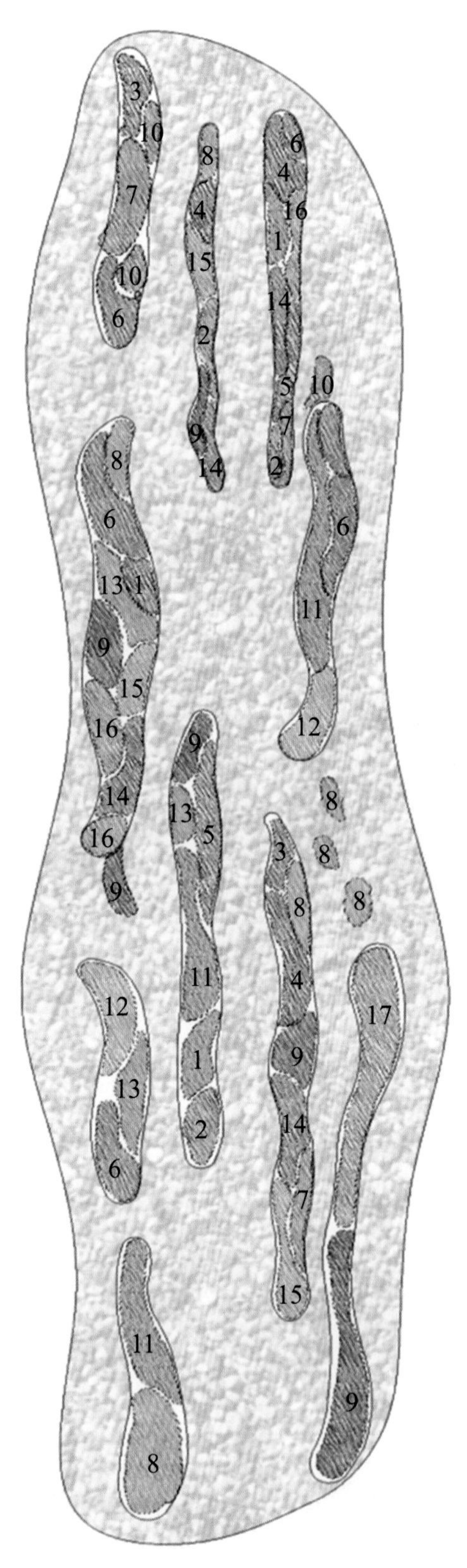

3. 植物列表

1	‘小兔子’狼尾草	2	金叶薹草
3	玲珑芒	4	粉黛乱子草
5	‘红舞者’画眉草	6	克莱因芒
7	柠檬香茅	8	花叶蒲苇
9	‘圣艾修’柳枝稷	10	细叶芒
11	斑叶芒	12	矮蒲苇
13	‘极光’晨光芒	14	紫叶狼尾草
15	‘幸运’蓝滨麦	16	小盼草
17	东方狼尾草		

4. 案例分析

(1)花境配置

此花境将以禾本科植物为主的17种各具特色的观赏草搭配而成，既有高大的蒲苇，又有相对矮小的‘小兔子’狼尾草，还有金叶薹草也在其列。非花季节，观叶的有具黄白环斑的斑叶芒、蓝色的‘幸运’蓝滨麦、花叶蒲苇等；观形的有娇小灵秀的‘小兔子’狼尾草、直立齐整的‘圣艾修’柳枝稷、叶尖飘逸的柠檬香茅等。到了9—11月开花季节，粉紫色的粉黛乱子草和紫叶狼尾草、银白大花序的蒲苇、灰黄的‘小兔子’狼尾草等齐开，美不胜收。

(2)效果解析

此花境极具特色，整体呈狭带状，其中又有多个小的狭带状的小组团，每个小组团由2～10种不等的观赏草搭配，错落并行于轨道两旁，既有独立的个性，又有整体的和谐。

5. 实景图

春景

春景

春景

夏景

夏景

秋景

秋景

秋景

路缘花境案例5

1. 花境概况

此花境位于鄞州区前河南路与惠风东路交叉口的东北面，在此段沿河绿化带端头，占地面积230m²。

2. 平面布置图

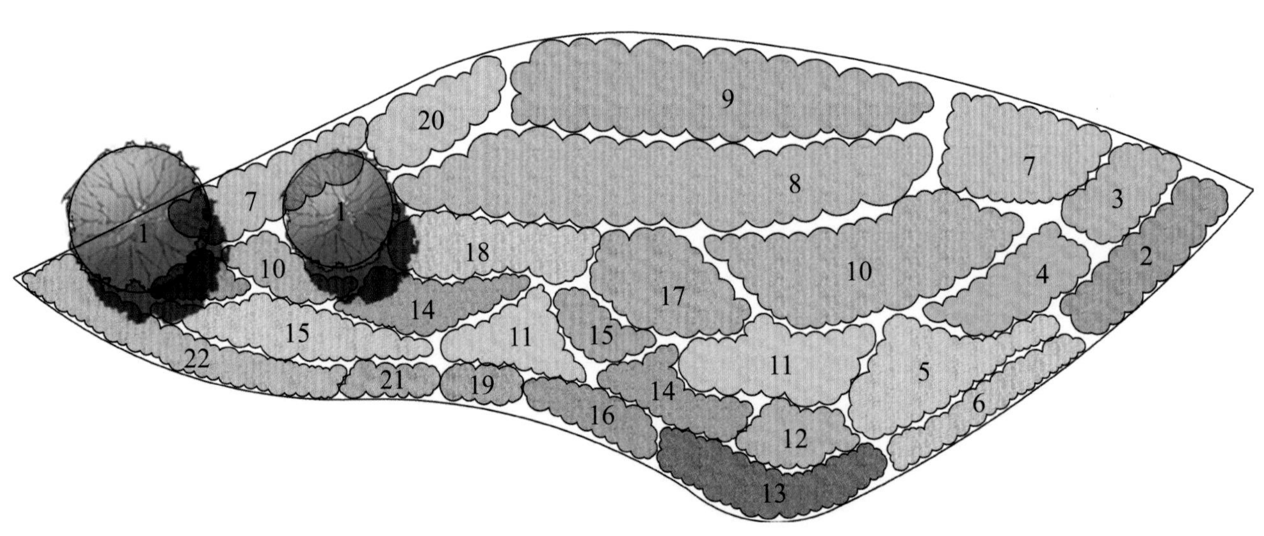

3. 植物列表

1	金桂	2	皮球柏
3	柳枝稷	4	天门冬
5	阳光菘	6	菊花
7	细叶芒	8	粉黛乱子草
9	蒲苇	10	紫叶狼尾草
11	朱蕉	12	金边龙舌兰
13	黑麦冬	14	‘红巨人’朱蕉
15	‘小兔子’狼尾草	16	花叶紫娇花
17	小盼草	18	花叶美人蕉
19	金边阔叶麦冬	20	花叶芒
21	牛至	22	金叶薹草

4. 案例分析

(1)花境配置

此花境以丛植高大挺拔的蒲苇、飘逸洒脱的花叶芒和细叶芒以及齐整的柳枝稷等作为背景，运用粉黛乱子草、小盼草、紫叶狼尾草、‘小兔子’狼尾草、朱蕉、天门冬等色彩丰富、轻盈细柔的品种作为中层景观，前景布置阳光菝、金边龙舌兰、黑麦冬、金叶薹草、皮球柏、花叶紫娇花、牛至、菊花等观赏草与宿根花卉，构成一个层次分明、错落有致、是花非花、如梦如幻的长效型观赏草花境。

(2)效果解析

此花境以禾本科植物为主要造景元素，搭配宿根花卉，以体现观赏草独特的形态价值为主，具有自然、野趣、韵律与个性之美。

5. 实景图

秋景

秋景

秋景

路缘花境案例6

1. 花境概况

此花境位于宁波高教园区院士雕塑园前景，台地式自然起伏的地形布置有1∶1院士雕像，背景为高大乔木，雕塑园整体气势雄伟壮观。花境完美地连接两侧的台阶，以丰富的层次、质感和色彩，给人以美的视觉享受。

2. 平面布置图

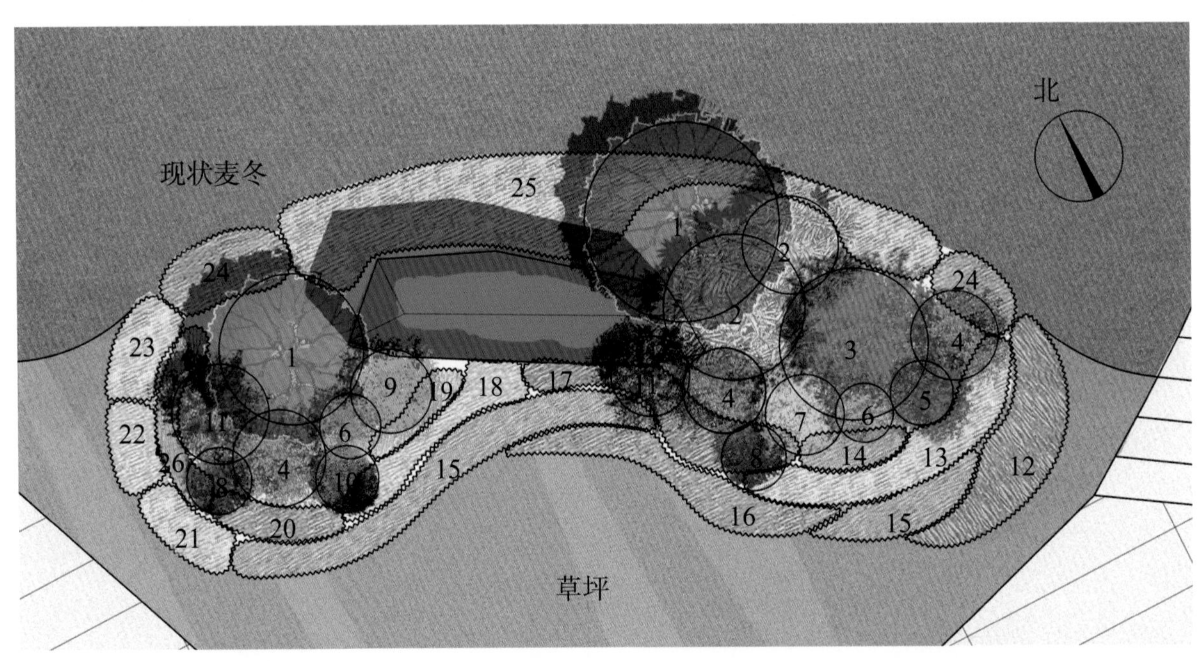

3. 植物列表

1	罗汉松（造型）	2	苏铁
3	红叶石楠（球）	4	胡颓子（球）
5	金森女贞（球）	6	黄金香柳
7	金姬小蜡（球）	8	朱蕉
9	水果蓝（球）	10	三角梅
11	剑麻	12	花叶络石
13	金叶石菖蒲	14	虎刺梅
15	矮生翠芦莉	16	细叶萼距花
17	西洋杜鹃	18	龙船花
19	双荚决明	20	紫娇花
21	金盏菊	22	美丽月见草
23	孔雀草	24	粉黛乱子草
25	细叶芒	26	‘小兔子’狼尾草

4. 案例分析

(1)花境配置

此花境注重花色、叶色、质地、株型等主要观赏特征的组合配置。背景植物有造型清雅挺拔的罗汉松和四季常绿的观叶植物，包括黄金香柳、金姬小蜡(球)、水果蓝(球)、朱蕉等，色彩丰富；前景则采用稍低矮的花卉植物，有西洋杜鹃、龙船花、双荚决明以及孔雀草等。西洋杜鹃明艳的色彩，三角梅白色苞片、花叶络石的多彩色叶极大地丰富了整个入口的景观效果，形成院士公园这个区域“秋风送爽、金菊飘香”的亮丽风景。

(2)效果解析

此花境主景植物群落突出，前后景富有层次感，场景效果丰富。

5. 实景图

秋景

秋景

路缘花境案例7

1. 花境概况

此花境位于宁波庆安会馆对面，可归列于路缘花境的一种，当车经过时，以丰富的层次给人以视觉享受。

2. 平面布置图

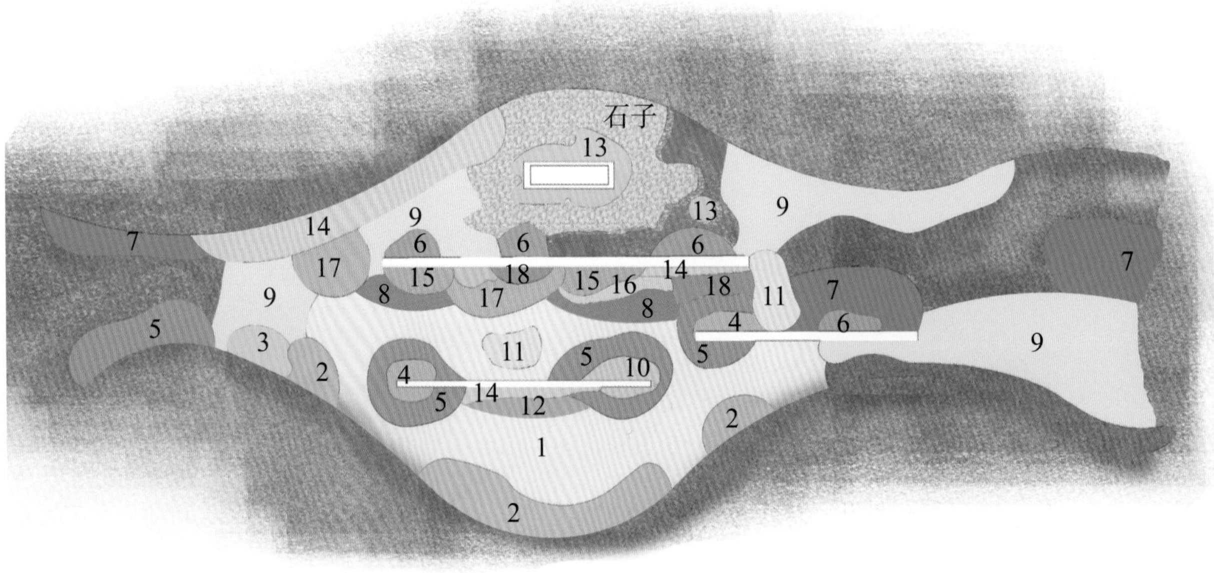

3. 植物列表

1	角堇	2	矮牵牛
3	黄金络石	4	坡地毛冠草
5	肾蕨	6	紫叶狼尾草
7	蜘蛛抱蛋	8	石竹
9	金叶枸骨	10	月季
11	水果蓝	12	五色梅
13	金叶假连翘	14	乒乓菊
15	大麻叶泽兰	16	金叶薹草
17	清香木	18	小叶蚊母树

4. 案例分析

(1)花境配置

此花境花色丰富，有黄色的乒乓菊，粉色的矮牵牛、月季、五色梅，紫色的水果蓝、角堇等。叶色也是其一大特色，有黄绿色的金叶枸骨、金色叶的黄金络石。景观四季变换，浪漫多姿，春夏秋三季皆有不同花期植物开放。冬日虽萧条，但是花境依然保持着它的活力，常绿灌木经冬不凋，叶色终年不变，为白茫茫的冬季提供了一抹黄绿色。

（2）效果解析

此花境不同于普通的路缘花境，将景观小品与花境植物互相结合，衬托出小品的立体感与花境的丰富，整体和谐而有野趣。

5. 实景图

秋景

秋景

路缘花境案例 8

1. 花境概况

此花境位于宁波中山公园南侧组团东南角，北靠黄石假山停车场，南临公园路。

2. 平面布置图

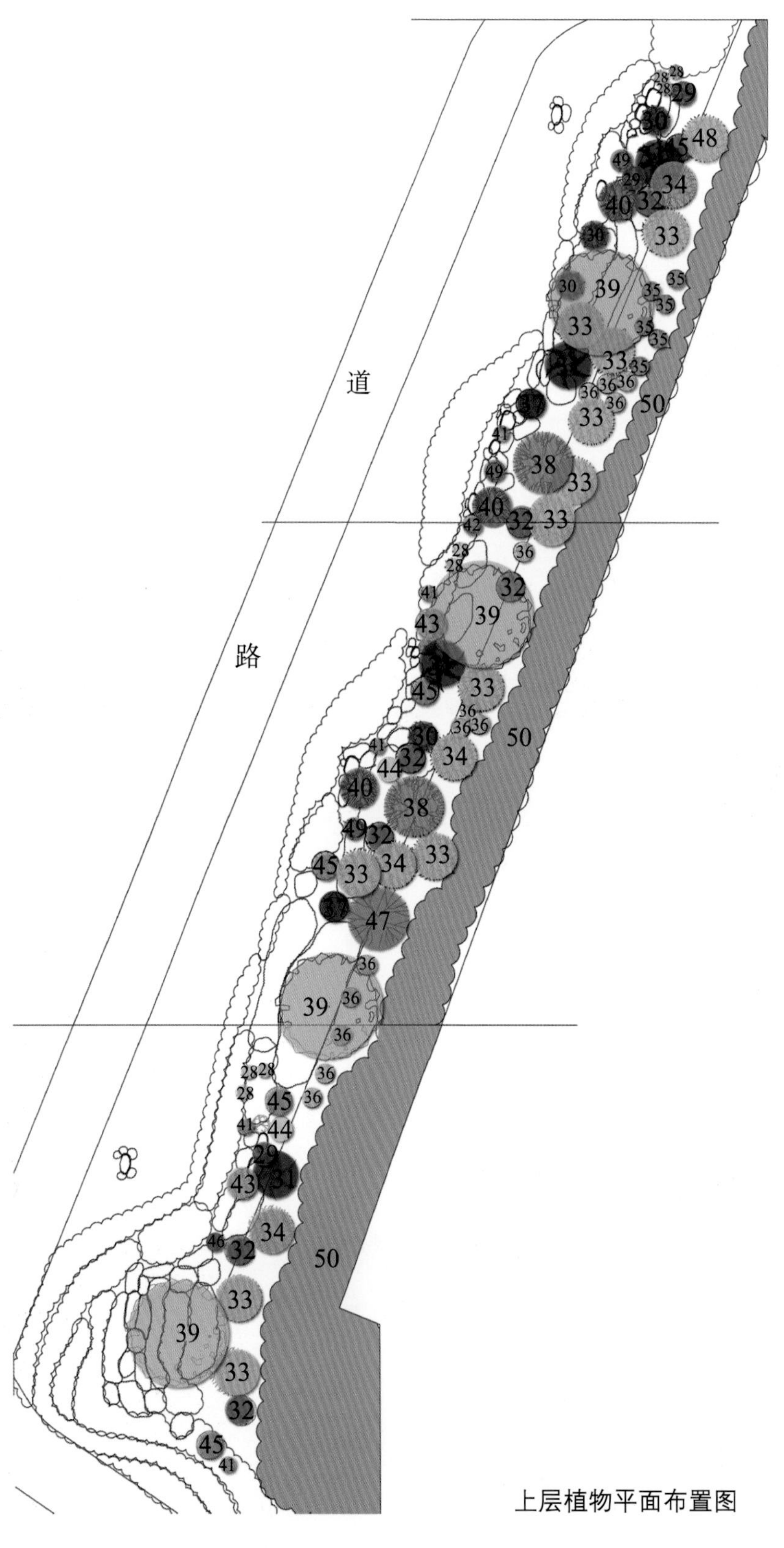

上层植物平面布置图

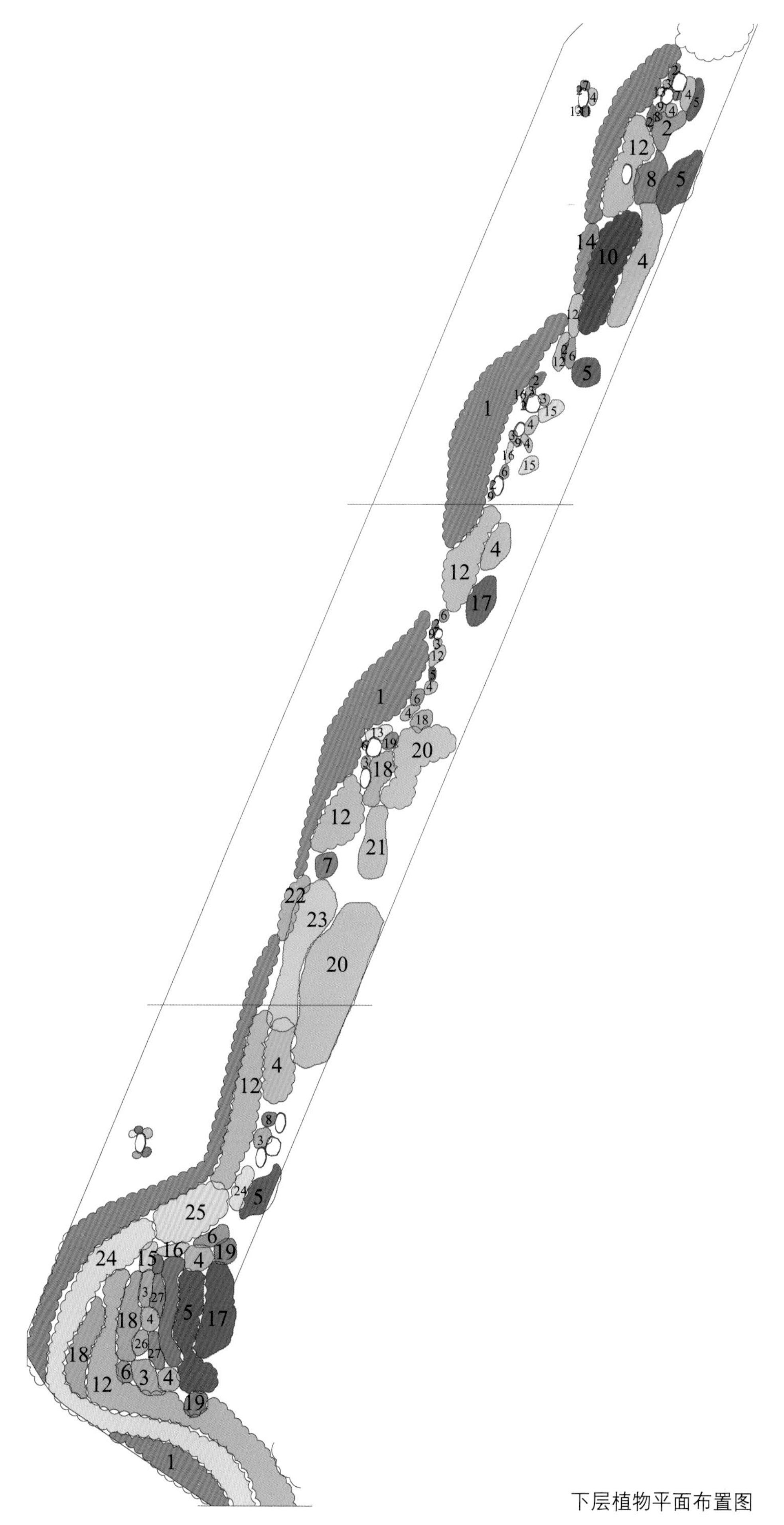

1
12
8
5
14
10
4
5
1
15
15
4
12
17
1
18
20
18
12
21
7
22
23
20
4
12
25
5
24
15
16
4
6
19
5
17
18
18
12
6
3
4
19
1

下层植物平面布置图

3. 植物列表

1	石竹	2	火焰南天竹
3	八仙花	4	佩兰
5	翠芦莉	6	百子莲
7	薹草	8	蜘蛛抱蛋
9	肾蕨	10	赤胫散
11	鹅掌柴	12	金边阔叶麦冬
13	金叶薹草	14	细叶萼距花
15	火炬花	16	花叶玉簪
17	海芋	18	大吴风草
19	圆锥绣球	20	洒金桃叶珊瑚
21	马蔺	22	大花萱草
23	金叶大花六道木	24	菲白竹
25	花叶络石	26	彩叶杞柳
27	朱顶红	28	金边凤尾兰
29	红千层	30	浓香茉莉
31	苏铁（多头）	32	无刺枸骨
33	日本黄金枫	34	蝴蝶枫
35	溲疏	36	银姬小蜡
37	红花檵木（桩）	38	榆树（桩）
39	桂花	40	羽毛枫
41	‘银霜’日本女贞	42	地中海荚蒾
43	喷雪花	44	美国金钟连翘
45	金森女贞	46	花叶锦带花
47	日本晚樱	48	红枫
49	‘红王子’锦带花	50	竹子

4. 案例分析

(1)花境配置

此花境以桂花、榆树(桩)、苏铁(多头)、日本黄金枫、蝴蝶枫、羽毛枫、红枫、日本晚樱等乔灌木为上层主体，竹为背景，百子莲、佩兰、翠芦莉、朱顶红、八仙花、金边阔叶麦冬、马蔺、火炬花、石竹、细叶萼距花、大吴风草等植物为底层，植物种类十分丰富。观叶植物有苏铁(多头)、日本黄金枫、羽毛枫、蝴蝶枫、红枫、海芋、肾蕨、蜘蛛抱蛋、洒金桃叶珊瑚等，叶色、叶形、叶质各不相同；观花植物有圆锥绣球、‘红王子’锦带花、红千层、八仙花、百子莲、石竹、喷雪花、火炬花、佩兰、翠芦莉等，花期、花色、花形均不同；花朵芳香植物有浓香茉莉、桂花等，在满足视觉冲击的同时又满足游人的嗅觉享受。

（2）效果解析

此花境共有50种植物，多种植物混合组成的花境在一年中三季有花，四季有景，暗香浮动，呈现一个多维动态的季相变化。各种花卉高低错落排列、层次丰富，既表现了植物个体生长的自然美，又展示了植物自然组合的群体美，还创造出丰富美观的立面景观，使花境具有季相分明、色彩缤纷的多样性植物群落景观。

5. 实景图

秋景

秋景

二、滨水花境

滨水花境案例1

1. 花境概况

此花境位于宁波植物园兰园外的堤岸处，布置于水岸边坡之上。

2. 平面布置图

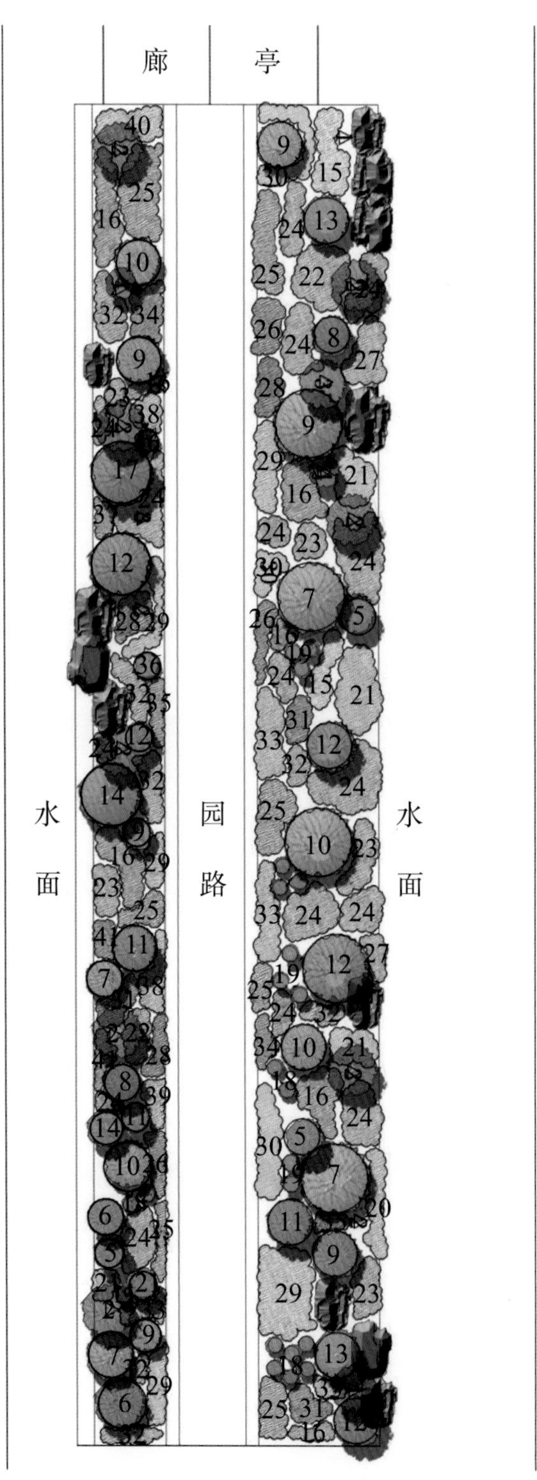

3. 植物列表

1	香樟	2	柳树
3	紫薇	4	垂丝海棠
5	厚皮香	6	香桃木
7	黄金香柳	8	滨柃
9	金边胡颓子（球）	10	金叶卵叶女贞（球）
11	水果蓝（球）	12	银姬小蜡（球）
13	绣线菊	14	珍珠绣线菊
15	黄金菊	16	五色梅
17	菲油果	18	金边凤尾兰
19	‘红巨人’朱蕉	20	花叶美人蕉
21	蒲苇	22	花叶芒
23	柳枝稷	24	翠芦莉
25	石竹	26	四季海棠
27	加州庭菖蒲	28	紫娇花
29	花叶络石	30	花叶玉簪
31	墨西哥鼠尾草	32	‘小兔子’狼尾草
33	金叶石菖蒲	34	香彩雀
35	紫竹梅	36	‘金宝石’钝齿冬青
37	马鞭草	38	金边阔叶麦冬
39	百日菊	40	八仙花
41	松果菊		

4. 案例分析

（1）花境配置

此花境有四季常青的菲油果、滨柃、厚皮香等小灌木点缀其中，间或种植有终年呈灰绿色的水果蓝、紫红色的‘红巨人’朱蕉、在粉色纯白浅绿深绿中不断演变始终保持常绿的花叶络石、金黄夹碧绿的金边阔叶麦冬等，配以花卉植物，使得四季景色不同。春有花色丰富的石竹，盛夏有鲜黄色的加州庭菖蒲、花色丰富的百日菊，秋有‘小兔子’狼尾草、花叶芒等观赏草的点缀，花开不断的黄金菊、五色梅、香彩雀等穿插其中，色彩鲜艳。

（2）效果解析

此花境界于水与自然石板汀步之间，整体呈狭条状，布置于水边呈带状的垂柳树下，局部放置置石。两水相夹，静谧清幽径还静，拂柳涟漪波不停，众花连开妍有别，远离尘嚣，近于自然。

5. 实景图

春景

春景

春景

秋景

秋景

秋景

秋景

滨水花境案例2

1. 花境概况

此花境位于宁波横街高速出入口外围的右侧绿地上，周边视野开阔，车流量大。绿地地形起伏，变化丰富。整个花境为模拟自然河流的旱溪花境，局部点缀高大乔木、置石、竹筒，自然古朴，野趣横生。

2. 平面布置图

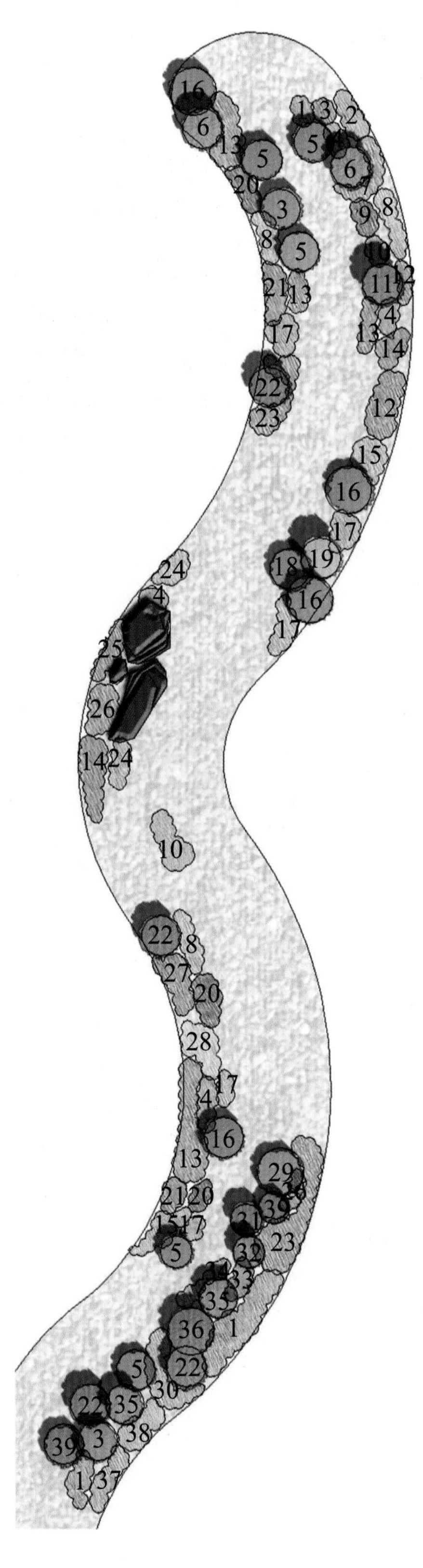

3. 植物列表

1	银边麦冬	2	金叶薹草
3	杜鹃花	4	蜘蛛抱蛋
5	红花檵木	6	花叶香桃木
7	美女樱	8	金叶石菖蒲
9	紫叶美人蕉	10	花叶玉蝉花
11	火棘	12	月季
13	鸢尾	14	旱伞草
15	花叶美人蕉	16	红千层
17	花叶芒	18	茶梅
19	日本女贞	20	翠芦莉
21	柳叶马鞭草	22	滨柃
23	细叶美女樱	24	黄菖蒲
25	美人蕉	26	水果蓝
27	紫娇花	28	白晶菊
29	红枫	30	金森女贞
31	金叶莸	32	金边凤尾兰
33	肾蕨	34	黄金菊
35	小丑火棘	36	罗汉松（造型）
37	毛地黄钓钟柳	38	花叶玉簪
39	蓝冰柏		

4. 案例分析

（1）花境配置

此花境色彩丰富，主要以茶梅、美人蕉、细叶美女樱等红色系为主，加入了以鸢尾、翠芦莉等为代表的紫色系，少量白色系的白晶菊、花叶玉簪等，黄色系的黄金菊、黄菖蒲以及彩色系的月季。叶色变化也很丰富，有深紫红色的红花檵木、紫叶的紫叶美人蕉、灰绿色的水果蓝、蓝绿色的蓝冰柏、黄色叶的金叶石菖蒲，花叶的花叶玉簪、小丑火棘、金边凤尾兰等。四季都有各色花卉竞相开放，如春季的杜鹃花、鸢尾、翠芦莉、白晶菊等，夏季的红千层、紫娇花、美女樱、细叶美女樱、美人蕉等，进入秋季，黄金菊、茶梅相继开放，特别是茶梅，整个冬季持续开放直到初春。

（2）效果解析

此花境模拟自然干枯河床环境，是一个旱溪花境的典型案例，通过各类色彩鲜艳的宿根花卉、飘逸野趣的观赏草本、景石、船形花坛以及少量的乔灌木，营造出四季花开不断、五彩斑斓的精致景观。

5. 实景图

春景

春景

春景

秋景

秋景

三、林缘花境

林缘花境案例1

1. 花境概况

此花境位于宁波植物园槭树秋香园，紧临桂花园和水生湿生植物区交界的道路转角处，是重要的观赏节点。其丰富的植物层次可吸引游客们的视线。

2. 平面布置图

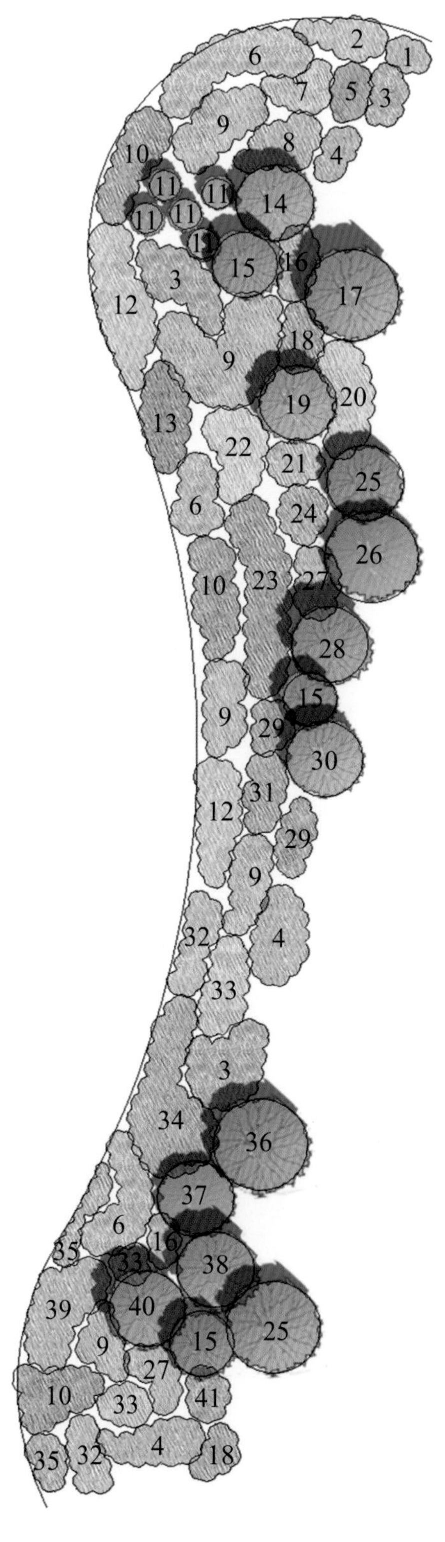

3. 植物列表

1	彩叶杞柳	2	藿香蓟
3	紫娇花	4	毛地黄钓钟柳
5	玉簪	6	美女樱
7	黄晶菊	8	天竺葵
9	金叶石菖蒲	10	南非万寿菊
11	金边凤尾兰	12	天蓝绣球
13	石竹	14	金叶水蜡
15	滨柃	16	翠芦莉
17	菲油果	18	月季
19	金叶胡颓子	20	黄金菊
21	金盏菊	22	染料木
23	火焰南天竹	24	‘小兔子’狼尾草
25	小蜡	26	红千层
27	花叶玉簪	28	水果蓝
29	薰衣草	30	金线柏
31	花烟草	32	八宝景天
33	金雀儿	34	金边阔叶麦冬
35	花叶络石	36	金边埃比胡颓子
37	小丑火棘	38	大花六道木
39	玫红美女樱	40	‘金宝石’钝齿冬青
41	鸢尾		

4. 案例分析

(1)花境配置

此花境植物配置十分丰富，观花植物以紫色系为主，有浅紫的藿香蓟和天蓝绣球、粉紫色的紫娇花、深紫的美女樱、白蓝泛紫的毛地黄钓钟柳、红紫的南非万寿菊、紫色的翠芦莉、蓝紫的薰衣草和鸢尾等，从早春至初秋花开不断；以红色系植物为辅，有大红的天竺葵、玫红美女樱、红色月季、红千层、花烟草等，淡粉红的八宝景天；以黄色系点缀其中，如黄晶菊、金盏菊、黄金菊、金雀儿、染料木等，还有白色的大花六道木、玉簪等。观叶小灌木如彩叶杞柳、金叶水蜡、金叶胡颓子、火焰南天竹、水果蓝、金线柏、金边埃比胡颓子、小丑火棘、‘金宝石’钝齿冬青等，构成了花境的背景主框架，金叶石菖蒲、金边凤尾兰、花叶玉簪作为补充，‘小兔子’狼尾草可填补秋季花卉的不足。在视野开阔的草坪和树林边，整个花境四季色彩绚丽。

（2）效果解析

此花境位于路边草坪上，林缘边。花境整体的弧线与路缘的直线对比，突出了曲线美。以林为背景，从道路向林丛方向，植物从低到高布置；从左到右或从右到左，植物高低错落，微景观多样，构成了丰富的景致。

5. 实景图

春景 春景 夏景 夏景

春景

秋景

秋景

林缘花境案例2

1. 花境概况

此花境位于宁波植物园东方本草园的坡地疏林下，在主道路与步行园路交界的转角处。

2. 平面布置图

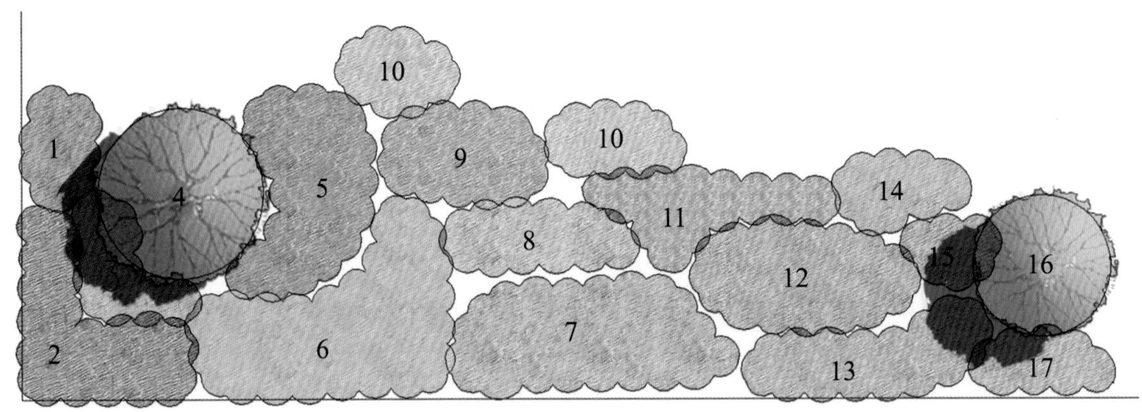

3. 植物列表

1	黑麦冬	2	红尾铁苋
3	南美天胡荽	4	钝齿冬青
5	紫叶酢浆草	6	花叶山菅兰
7	金叶石菖蒲	8	天蓝鼠尾草
9	美丽月见草	10	山桃草
11	矮生翠芦莉	12	花叶络石
13	紫娇花	14	金边阔叶麦冬
15	百子莲	16	蓝冰柏
17	紫竹梅		

4. 案例分析

(1)花境配置

此花境中，低矮的黑麦冬、南美天胡荽、红尾铁苋、紫叶酢浆草、花叶山菅兰、金叶石菖蒲、花叶络石、矮生翠芦莉、金边阔叶麦冬、紫竹梅等设计在外围，错落有致；而天蓝鼠尾草、山桃草、紫娇花、百子莲等植株稍高的作为花境中层，种植在中间部位。红尾铁苋与南美天胡荽混种于此花境的拐角处，春季嫩绿的南美天胡荽占据色彩主导地位，其与黑麦冬形成鲜明的对比。红尾铁苋的鲜红短穗状雌花，从春季一直盛开到秋季，甚是耀眼，其间白色至浅粉色的山桃草、淡粉色的美丽月见草、深蓝色的深蓝鼠尾草和百子莲、粉紫色的紫娇花陆续绽放。在花境的植物组合上，搭配合理，经冬色不凋，有黑绿色的黑麦冬、银边的花叶山菅兰、浅黄的金叶石菖蒲、粉色纯白浅绿深绿演变的花叶络石、紫红色的紫竹梅、蓝绿色的蓝冰柏，为花境在少花的季节增色不少。

（2）效果解析

花境植物丰富，在疏林下布置极有层次感，是此花境的亮点。

5. 实景图

夏景

秋景

林缘花境案例3

1. 花境概况

此花境位于宁波绿岛公园北面的入口处，有高大的乔木作背景，平面呈半圆环形，是个典型的林缘花境。

2. 平面布置图

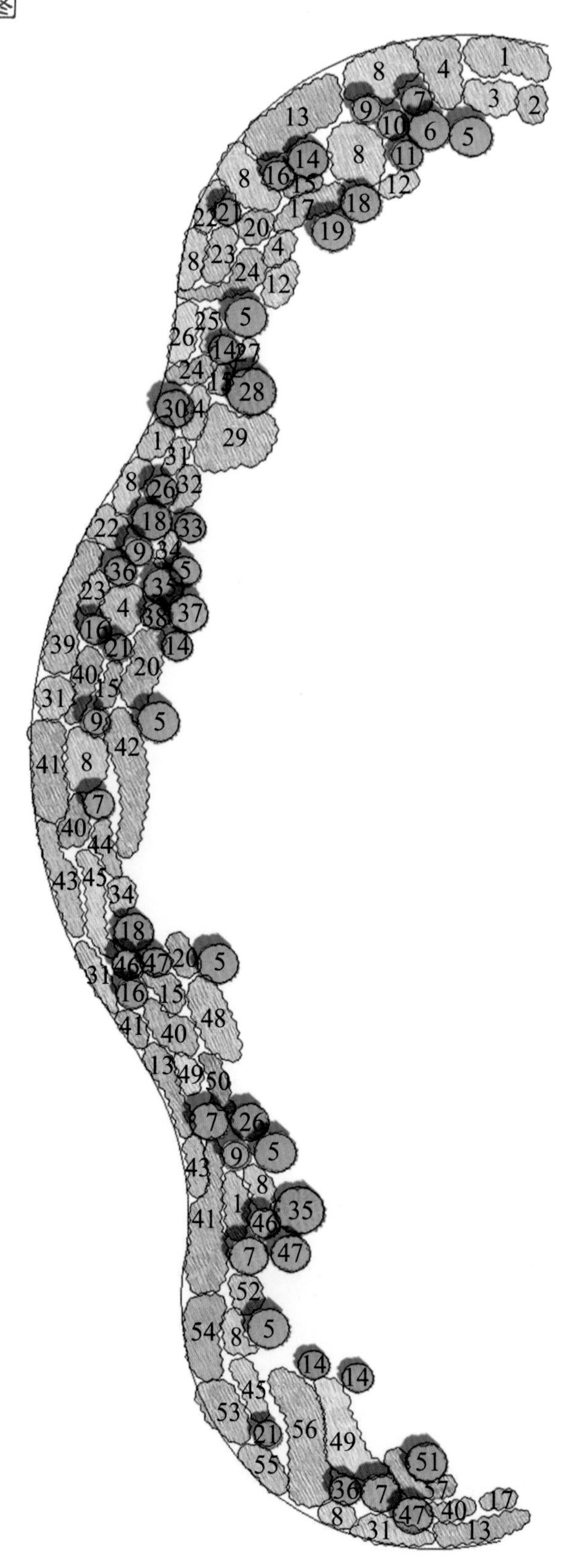

3. 植物列表

1	金叶石菖蒲	2	蜘蛛抱蛋
3	百子莲	4	八仙花
5	鸡爪槭	6	羽毛枫
7	金边胡颓子	8	八宝景天
9	金边凤尾兰	10	花叶锦带花
11	十大功劳	12	绣线菊
13	金边阔叶麦冬	14	蓝冰柏
15	‘红巨人’朱蕉	16	钝齿冬青
17	李叶绣线菊	18	菲油果
19	无刺枸骨	20	鸢尾
21	滨柃	22	银边麦冬
23	杜鹃花（夏鹃）	24	火炬花
25	郁香忍冬	26	金叶大花六道木
27	细叶芒	28	桂花
29	毛地黄钓钟柳	30	日本女贞
31	萱草	32	紫薇
33	红豆杉	34	黄金菊
35	玉兰	36	小丑火棘
37	辉煌女贞	38	水蜡
39	山桃草	40	紫娇花
41	细叶美女樱	42	松红梅
43	花叶络石	44	斑叶芒
45	大吴风草	46	金线柏
47	山茶	48	金鸡菊
49	加州庭菖蒲	50	‘小兔子’狼尾草
51	红梅	52	花叶芒
53	花叶紫娇花	54	迷迭香
55	细茎针茅	56	蜀葵
57	杜鹃花（毛鹃）		

4. 案例分析

(1)花境配置

此花境层次分明，背景为高大乔木；中景有火炬花、毛地黄钓钟柳、八仙花、八宝景天、山桃草、松红梅、迷迭香等；前景有鸢尾、细叶美女樱、花叶络石、金边阔叶麦冬等；局部点缀鸡爪槭、羽毛枫、蓝冰柏、菲油果、山茶等乔灌木，补充成为视线的焦点。花境色彩丰富，有红色系的松红梅、毛鹃、细叶美女樱、蜀葵等，黄色系的火炬花、萱草、金鸡菊、加州庭菖蒲等，白色系的山桃草、绣线菊、金叶大花六道木，紫色系的百子莲、鸢尾、紫娇花等。叶色变化也很丰富，有深红色的‘红巨人’朱蕉，蓝绿色的蓝冰柏，黄色叶的金线柏、日本女贞、金叶大花六道木，花叶的花叶芒、花叶络石、辉煌女贞、金边胡颓子、小丑火棘、斑叶芒；叶背银色的菲油果、金边胡颓子等。

（2）效果解析

花境四季景观变幻不断，春季有绣线菊、鸢尾、花叶锦带花、蜀葵、美女樱、松红梅等竞相开放；夏季有紫娇花、火炬花、加州庭菖蒲、山桃草、金鸡菊加入盛典；秋冬季有大吴风草、金叶大花六道木等也陆续开放，钝齿冬青、无刺枸骨、小丑火棘的红果以及鸡爪槭的红叶也非常抢眼。

5. 实景图

春景

春景

林缘花境案例4

1. 花境概况

此花境位于宁波绿岛公园西南侧，临姚江的道路旁，呈长条形，色彩淡雅，与简洁现代的河岸相得益彰。

2. 平面布置图

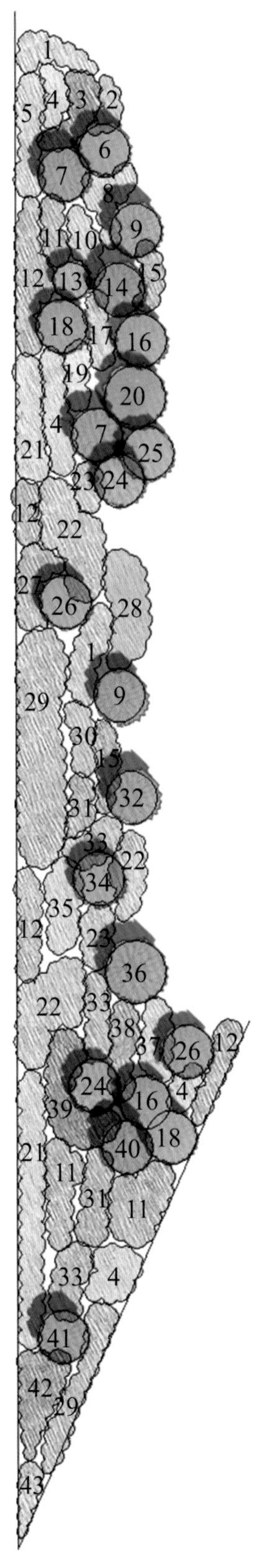

3. 植物列表

1	花叶紫娇花	2	芒草
3	百子莲	4	金叶石菖蒲
5	细叶绣线菊	6	小檗
7	日本女贞	8	大吴风草
9	花叶香桃木	10	菊花
11	紫娇花	12	八宝景天
13	金边凤尾兰	14	蓝冰柏
15	鸢尾	16	红花檵木
17	金鸡菊	18	钝齿冬青
19	郁香忍冬	20	牡荆
21	金边阔叶麦冬	22	萱草
23	‘红巨人’朱蕉	24	金边胡颓子
25	红叶石楠	26	无刺枸骨
27	须苞石竹	28	蒲苇
29	细叶美女樱	30	水果蓝
31	火焰南天竹	32	金叶大花六道木
33	毛地黄钓钟柳	34	茶梅
35	金线蒲	36	菲油果
37	花叶玉蝉花	38	松红梅
39	杜鹃花（夏鹃）	40	滨柃
41	龟甲冬青	42	山桃草
43	花叶络石		

4. 案例分析

（1）花境配置

此花境层次分明，上层主要布置了灌木、高大观赏草、高大宿根植物等，如花叶香桃木、红花檵木、杜鹃花、蒲苇、松红梅、毛地黄钓钟柳、金边胡颓子等；中层植物是花境的主体，主要是各类多年生花卉，如萱草、八宝景天、花叶玉蝉花；底层植物是大量低矮的多年生植物，如细叶美女樱、花叶紫娇花、花叶络石等，除此之外还有些线形植物，如金边阔叶麦冬、金叶石菖蒲、山桃草等。整体造型结构丰富，又能突出重点。

此花境色彩丰富，既有红色系的杜鹃花、毛地黄钓钟柳、红花檵木、八宝景天、松红梅等，又有黄色系的萱草、金鸡菊等，以及紫色系的花叶紫娇花、鸢尾、牡荆等，白色系的山桃草、花叶香桃木等，另外还有色彩季节性变化丰富的小檗、火焰南天竹等配植其中。

（2）效果解析

此花境整体色彩明艳，有层次感。季相分明，四季均有花赏、有景可看，如春季有鸢尾、郁香忍冬、毛地黄钓钟柳、松红梅等，夏秋季有萱草、细叶美女樱、金鸡菊、八宝景天等，秋冬季有金叶大花六道木、大吴风草、茶梅等。

5. 实景图

林缘花境案例 5

1. 花境概况

此花境位于宁波中山公园南侧，是游人进入中山公园的主要节点。

2. 平面布置图

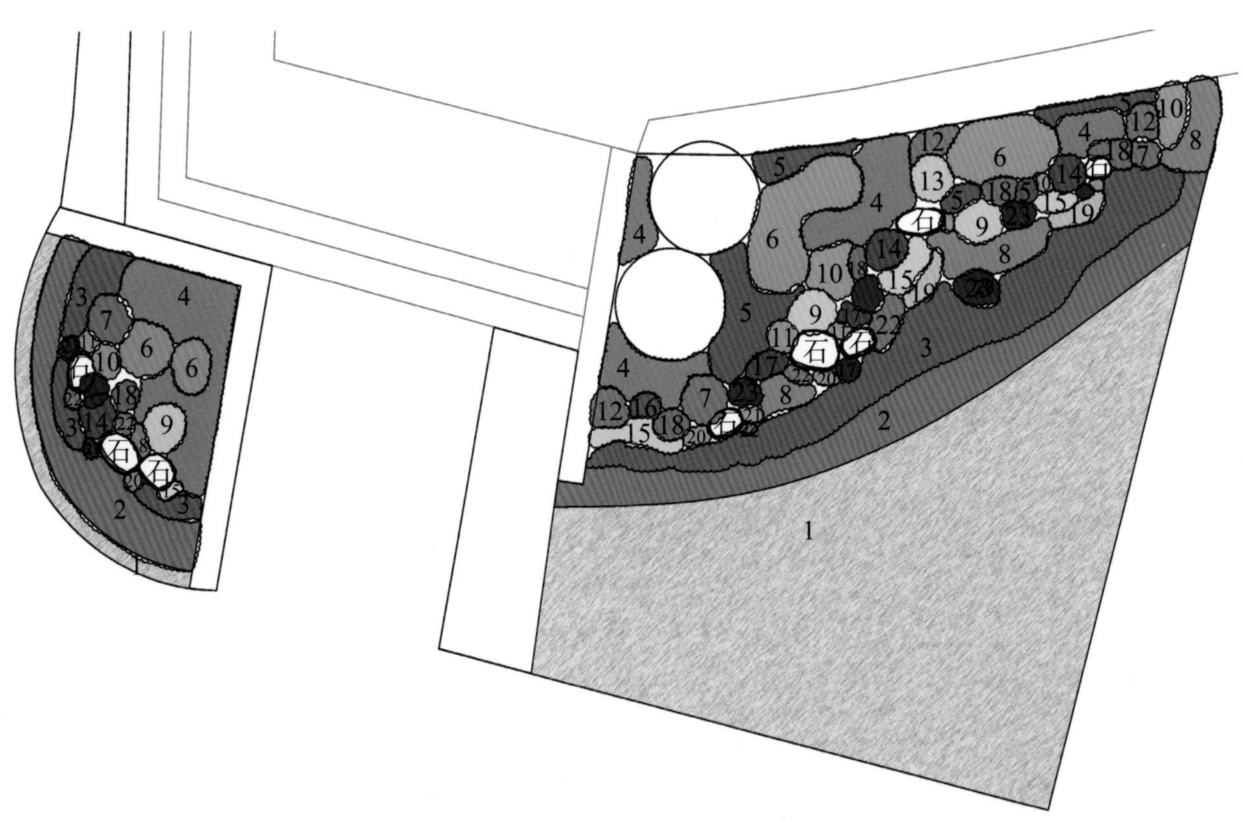

3. 植物列表

1	麦冬	2	石竹
3	细叶雪茄花	4	佩兰
5	翠芦莉	6	海芋
7	‘完美’钝齿冬青	8	大吴风草
9	‘柠檬之光’小叶女贞	10	蜘蛛抱蛋
11	百子莲	12	彩叶杞柳
13	圆锥绣球	14	杜鹃花
15	金叶石菖蒲	16	红瑞木
17	火炬花	18	鹅掌柴
19	花叶玉簪	20	肾蕨
21	紫叶酢浆草	22	火焰南天竹
23	八仙花		

4. 案例分析

(1)花境配置

该花境植物材料以宿根花卉为主，包括花灌木、球根花卉等。植物种类丰富，共选用植物23种，多种植物混合组成的花境在一年中三季有花，四季有景，呈现一个动态的季相变化。观叶植物有海芋、紫叶酢浆草、金叶石菖蒲、蜘蛛抱蛋、'柠檬之光'小叶女贞等，叶色、叶形、叶质各不相同；观花植物有八仙花、圆锥绣球、百子莲、石竹、火炬花、佩兰、翠芦莉、杜鹃花等，花期、花色、花形皆不同。通过对植物的主要观赏特征进行组合配植，丰富植物景观的层次结构，增加植物物候景观变化，创造出丰富美观的立面景观，使花境具有季相分明、色彩缤纷的多样性植物群落景观。

(2)效果解析

此花境通过堆坡、置石丰富地形，种植色彩季相变化明显的植物，丰富植物品种及层次。花境内各种花卉高低错落排列、层次丰富，既表现了植物个体生长的自然美，又展示了植物自然组合的群体美。

5. 实景图

秋景

秋景

秋景

四、草坪花境

草坪花境案例1

1. 花境概况

此花境位于日湖公园主入口广场道路尽头的草坪上，视野开阔，游人集中。花境整体呈钝角三角形，地形高低起伏，中间高，四周低，主要起聚焦视线和分割空间的作用。

2. 平面布置图

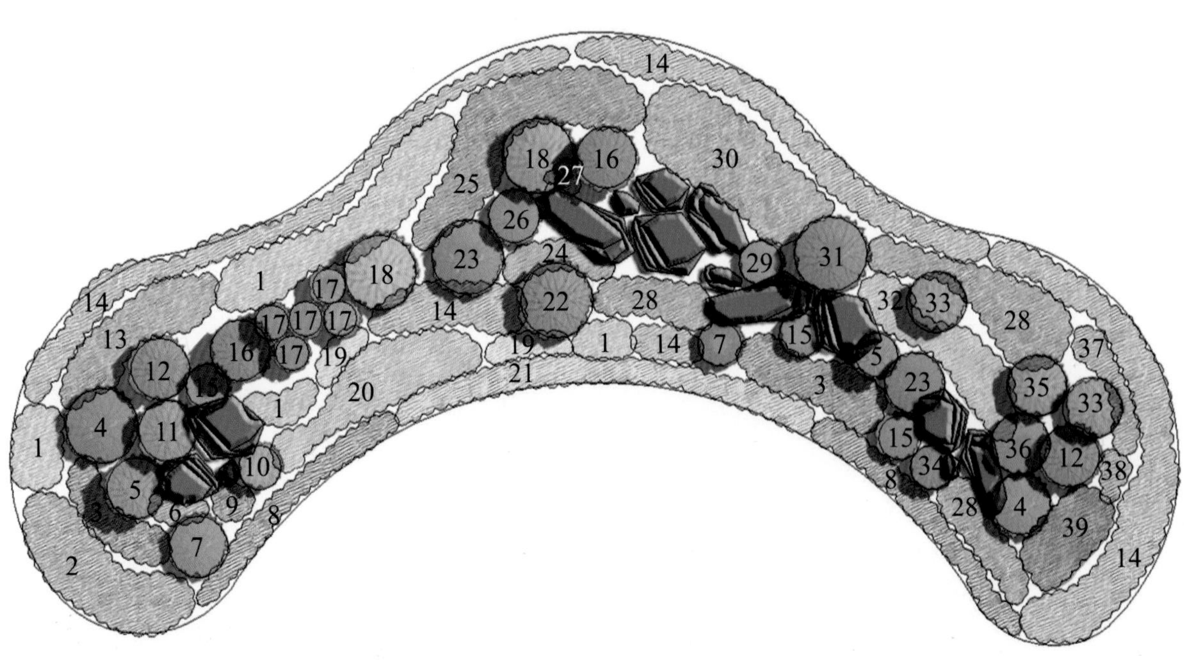

3. 植物列表

1	细叶萼距花	2	矮牵牛
3	月季	4	红千层
5	十大功劳	6	络石
7	小叶蚊母树	8	孔雀草
9	小盼草	10	花叶锦带花
11	银姬小蜡	12	侧柏
13	毛地黄钓钟柳	14	萱草
15	毛枝连蕊茶	16	蓝冰柏
17	金边凤尾兰	18	黄金枫
19	喷雪花	20	细茎针茅
21	万寿菊	22	罗汉松
23	紫叶碧桃	24	仙人掌
25	百子莲	26	高砂芙蓉
27	醉鱼草	28	紫娇花
29	南天竹	30	翠芦莉
31	榔榆	32	赤胫散
33	云翳女贞	34	小蜡
35	锦鸡儿	36	紫薇
37	石竹	38	金叶石菖蒲
39	麦冬		

4. 案例分析

（1）花境配置

此花境色彩丰富，叶色、花色相辅相成。叶色有四季常绿的蓝绿色的蓝冰柏、淡绿色的细茎针茅、金色的金叶石菖蒲、紫绿相间的赤胫散、白绿相间的银姬小蜡等。花色更是丰富，有红色系的高砂芙蓉、红千层、毛地黄钓钟柳、紫叶碧桃等，黄色系的萱草、孔雀草等，紫色系的紫娇花、百子莲、细叶萼距花等，白色系的喷雪花、银姬小蜡等。另外还有季相变化丰富的小盼草、黄金枫等植物。四季景观纷呈，三季有花、四季有景，春有喷雪花、紫叶碧桃、石竹等；夏有萱草、翠芦莉、百子莲等；秋季有醉鱼草、细叶萼距花、毛枝连蕊茶等；冬季虽然没有开花的植物，但是大量叶色漂亮且经冬不凋的植物很好地补充了整个花境的景观，如细茎针茅、南天竹、赤胫散、蓝冰柏等。

（2）效果解析

此花境通过叠石、堆土的方式营造高低起伏的地形，局部布置黄金枫、紫叶碧桃、造型罗汉松、红千层等小乔木作为上层植物，形成视线的焦点，并与不同植物形成不同的花境组团。中层植物为花境的主力，布置了大量的植物，如毛地黄钓钟柳、月季、细茎针茅、翠芦莉、百子莲、锦鸡儿、喷雪花等。底层植物主要有石竹、萱草、紫娇花、赤胫散等。边缘主要布置一二年生草花，如矮牵牛、孔雀草、万寿菊等低矮的植物，也可用萱草等多年生和细叶萼距花、等作多年生的植物点缀。

5. 实景图

春景

春景

春景

春景

草坪花境案例 2

1. 花境概况

此花境位于日湖公园入口广场北部的草坪内，近于道路拐角处，平面呈三角形，地形变化丰富，局部配以置石。花境季相变化丰富，色彩艳丽。

2. 平面布置图

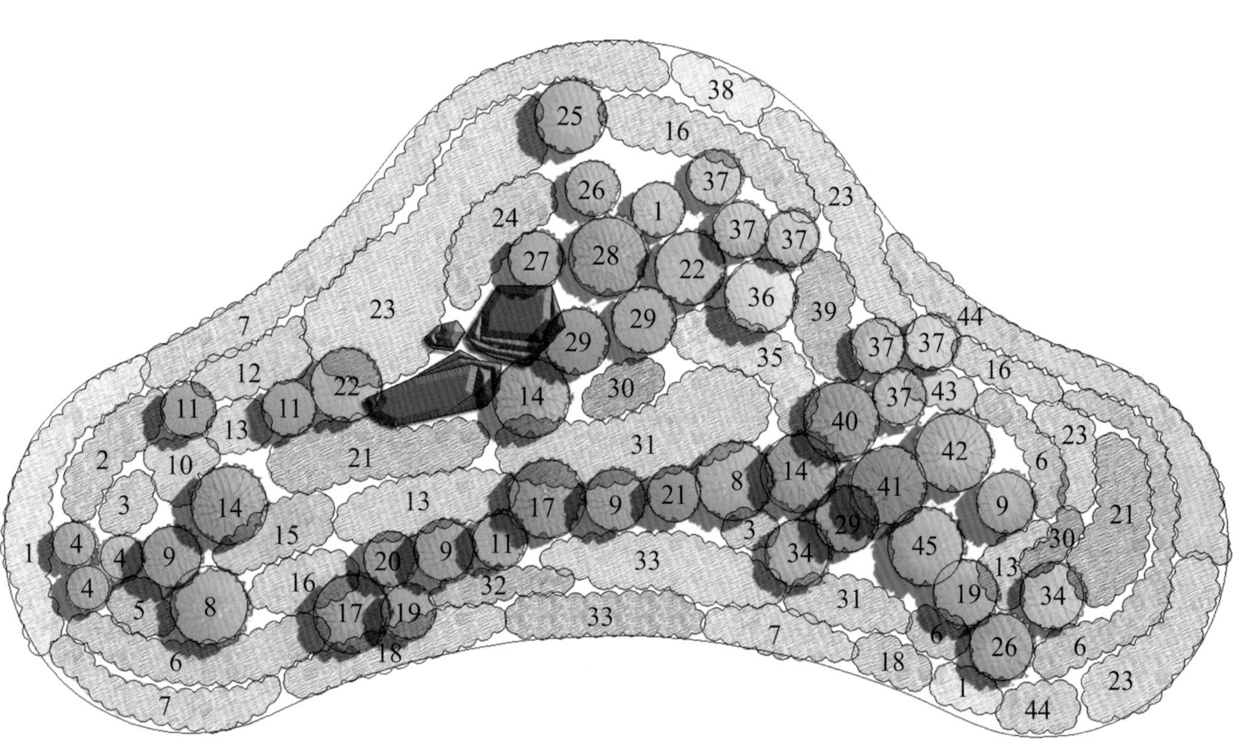

3. 植物列表

1	万寿菊	2	金叶水蜡
3	‘红巨人’朱蕉	4	金边凤尾兰
5	月季	6	紫娇花
7	美女樱	8	紫叶碧桃
9	蓝冰柏	10	赤胫散
11	毛枝连蕊茶	12	花叶玉簪
13	松果菊	14	侧柏
15	仙人掌	16	细叶萼距花
17	罗汉松	18	常夏石竹
19	小叶蚊母树	20	十大功劳
21	毛鹃	22	羽毛枫
23	萱草	24	金叶石菖蒲
25	小丑火棘	26	金边胡颓子
27	‘红王子’锦带花	28	黄金香柳
29	紫薇	30	百子莲
31	毛地黄钓钟柳	32	鸢尾
33	三色堇	34	银姬小蜡
35	黄金菊	36	溲疏
37	云翳女贞	38	细茎针茅
39	翠芦莉	40	黄金枫
41	榆树	42	玉兰
43	狼尾草	44	金边阔叶麦冬
45	红千层		

4. 案例分析

（1）花境配置

此花境色彩丰富，花色有红色系的红千层、‘红王子’锦带花、毛鹃等，黄色系的萱草、黄金菊、万寿菊等，紫色系的毛地黄钓钟柳、翠芦莉、细叶萼距花，白色系的花叶玉簪、溲疏等。叶色有四季常绿的蓝绿色的蓝冰柏，淡绿色的细茎针茅，金色的金叶石菖蒲，红色的‘红巨人’朱蕉，白绿相间的花叶玉簪等。另外还有季相变化丰富的黄金枫等植物的加入。花境四季景色不同，春季有毛鹃、毛地黄钓钟柳、紫叶碧桃等，夏季有萱草、红千层、翠芦莉、松果菊等，秋季有黄金菊，冬季有毛枝连蕊茶，以及四季常绿、叶色漂亮且经冬不凋的植物很好地补充了整个花境的景观，如细茎针茅、赤胫散、蓝冰柏等。

(2)效果解析

根据草地的原有地形起伏布置花境，在中央的置石区域种植紫薇、侧柏、‘红王子’锦带花等小乔木或灌木，形成上层空间；中间层布置细叶萼距花、杜鹃花、毛地黄钓钟柳、黄金菊、翠芦莉等植物；外围布置美女樱、万寿菊、萱草、紫娇花、常夏石竹、三色堇等，使花境整体呈中间高、四周低的结构。

5. 实景图

春景　春景　春景　春景　春景

草坪花境案例3

1. 花境概况

此花境位于宁波奉化华侨豪生酒店与市政道路交界处。在草坪上由子母岛式组团绿块构成，充分表现了植物本身的自然美、色彩美和群体美。

2. 平面布置图

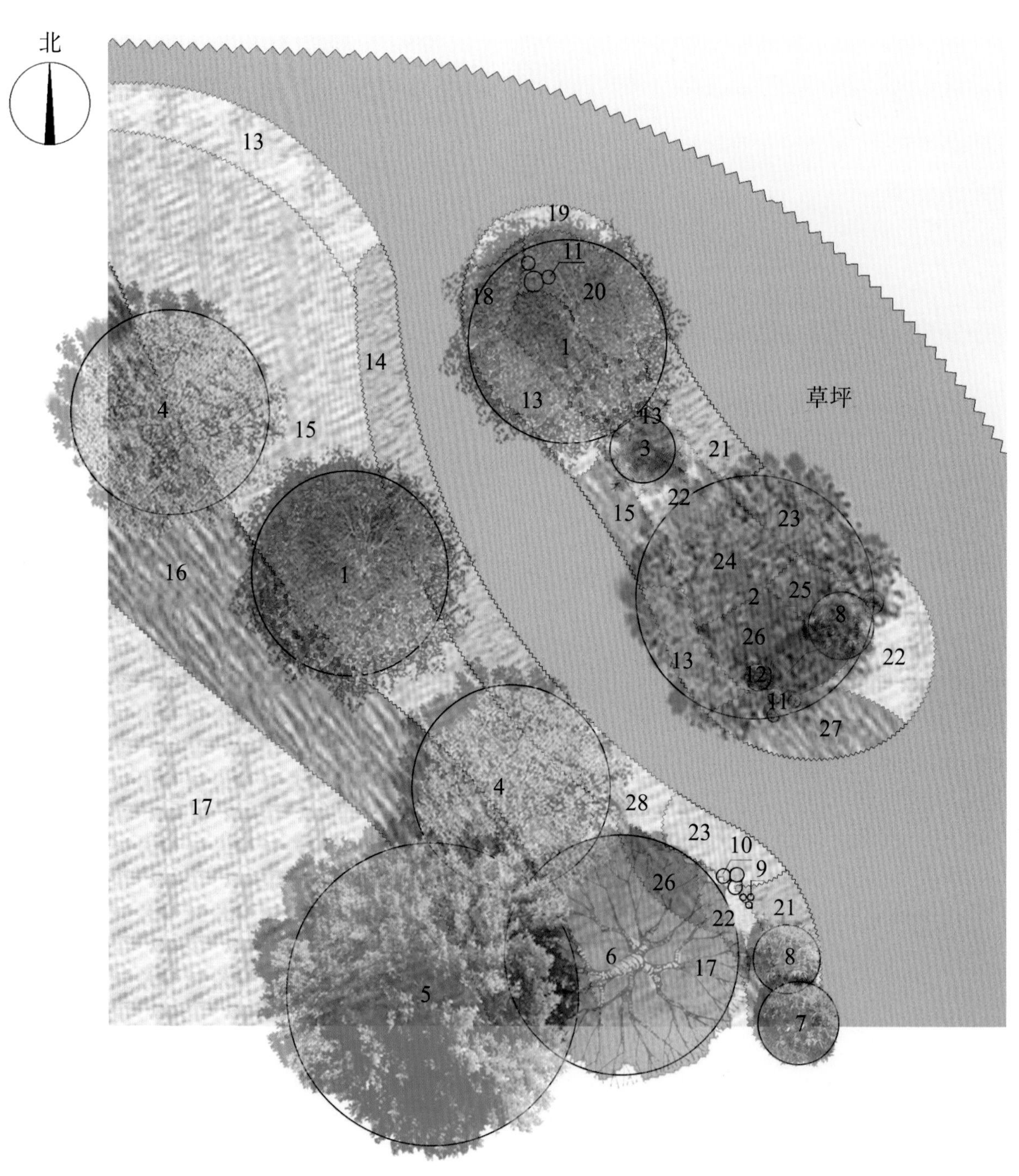

3. 植物列表

1	丛生紫薇	2	红花檵木（树桩）
3	散尾葵	4	金桂
5	三角枫	6	木蓝
7	茶梅（球）	8	三角梅
9	姜花	10	玉簪
11	变叶木	12	清香木
13	五色梅	14	杜鹃花
15	茶梅	16	栀子
17	金森女贞	18	凤仙花
19	细叶萼距花	20	西洋杜鹃
21	（地被）石竹	22	月季
23	四季海棠	24	兰花三七
25	蓝雪花	26	扶桑花
27	兰香草	28	宿根霞草

4. 案例分析

（1）花境配置

此花境小组团绿块主景树为红花檵木（树桩），树桩造型优美，姿态秀丽，向外倾斜，“探出头伸出手”向来往的游人致以最热烈的欢迎；另一大组团绿块以三角枫、丛生紫薇、金桂等营造上层景观。下层植物则选用西洋杜鹃、宿根霞草、蓝雪花、四季海棠、兰花三七、扶桑花、兰香草、月季、细叶萼距花、五色梅、栀子、金森女贞等，观花观叶有序搭配。月季花、四季海棠、（地被）石竹明艳的色彩，极大程度地丰富了整个转角景观的效果，形成一道亮丽的风景线。

（2）效果解析

此花境中的花卉植物色彩丰富，形态优美，观赏期较长，能较长时间保持其群体自然景观，具有较好的群落稳定性，同时具有季相变化，其丰富的层次、质感和色彩，给人以美的视觉享受。

5. 实景图

宁波市花境植物名录

序号	中文名	拉丁名	科	属	宁波应用类别	主要应用品种及相似种类
一二年生花卉						
1	紫茉莉	*Mirabilis jalapa*	紫茉莉科	紫茉莉属	多年生作一年生栽培	
2	大花马齿苋	*Portulaca grandiflora*	马齿苋科	马齿苋属	一年生肉质花卉	
3	马齿牡丹	*P. oleracea* var. *granatus*	马齿苋科	马齿苋属	一年生肉质花卉	
4	土人参	*Talinum paniculatum*	马齿苋科	土人参属	一年生花卉	
5	矮雪轮	*Silene pendula*	石竹科	蝇子草属	一年生花卉	
6	高雪轮	*S. armeria*	石竹科	蝇子草属	一二年生花卉	
7	丝石竹	*Gypsophila elegans*	石竹科	石头花属	一年生花卉	
8	地肤	*Kochia scoparia*	藜科	地肤属	一年生花卉	
9	红叶甜菜	*Beta vulgaris* var. *cicla*	藜科	甜菜属	多年生作二年生栽培	
10	千日红	*Gomphrena globosa*	苋科	千日红属	一年生花卉	细叶千日红
11	鸡冠花	*Celosia cristata*	苋科	青葙属	一年生花卉	青葙、老枪谷
12	雁来红	*Amaranthus tricolor*	苋科	苋属	一年生花卉	
13	红叶苋	*Iresine herbstii*	苋科	血苋属	多年生作一年生栽培	
14	花菱草	*Eschscholtzia californica*	罂粟科	花菱草属	多年生作一二年生栽培	
15	虞美人	*Papaver rhoeas*	罂粟科	罂粟属	一年生花卉	
16	醉蝶花	*Cleome spinosa*	白花菜科	白花菜属	一年生花卉	
17	香雪球	*Lobularia maritima*	十字花科	香雪球属	多年生作一年生栽培	
18	羽衣甘蓝	*Brassica oleracea* var. *acephala*	十字花科	芸薹属	多年生作二年生栽培	
19	二月兰	*Orychophragmus violaceus*	十字花科	诸葛菜属	二年生花卉	
20	紫罗兰	*Matthiola incana*	十字花科	紫罗兰属	多年生作二年生栽培	

续表

序号	中文名	拉丁名	科	属	宁波应用类别	主要应用品种及相似种类
21	多叶羽扇豆	*Lupinus polyphyllus*	豆科	羽扇豆属	多年生作一年生栽培	
22	羽扇豆	*L. micranthus*	豆科	羽扇豆属	一年生花卉	
23	红花亚麻	*Linum grandiflorum*	亚麻科	亚麻属	二年生花卉	白花亚麻
24	蓖麻	*Ricinus communis*	大戟科	蓖麻属	多年生作一年生栽培	红茎蓖麻、‘红芽’蓖麻
25	新几内亚凤仙	*Impatiens linearifolia*	凤仙花科	凤仙花属	一年生花卉	苏丹凤仙、凤仙
26	三色堇	*Viola tricolor*	堇菜科	堇菜属	多年生作二年生栽培	
27	角堇	*V. cornuta*	堇菜科	堇菜属	多年生作二年生栽培	
28	四季海棠	*Begonia semperflorens*	秋海棠科	秋海棠属	一年生栽培	
29	月见草	*Oenothera biennis*	柳叶菜科	月见草属	二年生栽培	
30	报春花	*Primula malacoides*	报春花科	报春花属	二年生花卉	
31	长春花	*Catharanthus roseus*	夹竹桃科	长春花属	多年生作一年生栽培	
32	圆锥福禄考	*Phlox drummondii* var. *rotundata*	花荵科	天蓝绣球属	一年生花卉	
33	蓝蓟	*Echium vulgare*	紫草科	蓝蓟属	二年生花卉	
34	罗勒	*Ocimum basilicum*	唇形科	罗勒属	一年生花卉	
35	丁香罗勒	*O. gratissimum* var. *suave*	唇形科	罗勒属	一年生花卉	
36	彩叶草	*Coleus scutellarioides*	唇形科	鞘蕊花属	多年生作一年生栽培	
37	红花鼠尾草	*Salvia coccinea*	唇形科	鼠尾草属	一年生花卉	粉唇、白色朱唇
38	一串红	*S. splendens*	唇形科	鼠尾草属	一二年生草本	一串紫
39	紫苏	*Perilla frutescens*	唇形科	紫苏属	一年生花卉	
40	羽叶薰衣草	*Lavandula pinnata*	唇形科	薰衣草属	半灌木或矮灌木作一二年生栽培	法国薰衣草、薰衣草
41	假龙头花	*Physostegia virginiana*	唇形科	假龙头花属	多年生作一年生栽培	
42	矮牵牛	*Petunia hybrida*	茄科	矮牵牛属	一年生花卉	
43	紫萼蝴蝶草	*Torenia violacea*	玄参科	蝴蝶草属	一年生花卉	
44	夏堇	*T. fournieri*	玄参科	蝴蝶草属	多年生作一年生栽培	
45	金鱼草	*Antirrhinum majus*	玄参科	金鱼草属	多年生作二年生栽培	
46	毛地黄	*Digitalis purpurea*	玄参科	毛地黄属	多年生作一二年生栽培	

续表

序号	中文名	拉丁名	科	属	宁波应用类别	主要应用品种及相似种类
47	毛蕊花	*Verbascum thapsus*	玄参科	毛蕊花属	二年生花卉	
48	香彩雀	*Angelonia salicariifolia*	玄参科	香彩雀属	多年生作一年生栽培	
49	幌菊	*Ellisiophyllum pinnatum*	玄参科	幌菊属	一年生花卉	
50	风铃草	*Campanula medium*	桔梗科	风铃草属	多年生作二年生栽培	
51	六倍利	*Lobelia erinus*	桔梗科	半边莲属	多年生作一年生栽培	
52	翠菊	*Callistephus chinensis*	菊科	翠菊属	一年生花卉	
53	金盏菊	*Calendula officinalis*	菊科	金盏花属	一年生花卉	
54	堆心菊	*Helenium autumnale*	菊科	堆心菊属	多年生作一年生栽培	
55	黑心金光菊	*Rudbeckia hirta*	菊科	金光菊属	一年生花卉	
56	两色金鸡菊	*Coreopsis tinctoria*	菊科	金鸡菊属	一年生花卉	
57	花环菊	*Chrysanthemum carinatum*	菊科	茼蒿属	一二年生花卉	
58	麦秆菊	*Helichrysum bracteatum*	菊科	蜡菊属	一年生花卉	
59	硫华菊	*Cosmos sulphureus*	菊科	秋英属	一年生花卉	
60	波斯菊	*C. bipinnata*	菊科	秋英属	多年生作一年生栽培	
61	白晶菊	*Mauranthemum paludosum*	菊科	白舌菊属	多年生作二年生栽培	
62	黄晶菊	*Chrysanthemum multicaule*	菊科	茼蒿属	二年生花卉	
63	南非万寿菊	*Osteospermum ecklonis*	菊科	南非万寿菊属	多年生作一二年生栽培	
64	矢车菊	*Centaurea cyanus*	菊科	矢车菊属	二年生花卉	
65	天人菊	*Gaillardia pulchella*	菊科	天人菊属	一年生花卉	
66	万寿菊	*Tagetes erecta*	菊科	万寿菊属	一年生花卉	
67	孔雀草	*T. patula*	菊科	万寿菊属	一年生花卉	
68	五色菊	*Brachyscome iberidifolia*	菊科	鹅河菊属	一年生花卉	
69	千瓣葵	*Helianthus decapetalus*	菊科	向日葵属	一年生花卉	
70	观赏向日葵	*H. annuus*	菊科	向日葵属	一年生花卉	‘大笑’‘太阳斑’‘玩具熊’‘音乐盒’
71	藿香蓟	*Ageratum conyzoides*	菊科	藿香蓟属	一年生花卉	

续表

序号	中文名	拉丁名	科	属	宁波应用类别	主要应用品种及相似种类
72	圆叶肿柄菊	*Tithonia rotundifolia*	菊科	肿柄菊属	一年生花卉	
蕨类植物						
73	紫萁	*Osmunda japonica*	紫萁科	紫萁属	多年生常绿花卉	
74	渐尖毛蕨	*Cyclosorus acuminatus*	金星蕨科	毛蕨属	多年生常绿花卉	
75	荚果蕨	*Matteuccia struthiopteris*	球子蕨科	荚果蕨属	多年生常绿花卉	
76	东方荚果蕨	*M. orientalis*	球子蕨科	荚果蕨属	多年生常绿花卉	
77	狗脊	*Woodwardia japonica*	乌毛蕨科	狗脊属	多年生常绿花卉	
78	富贵蕨	*Blechnum orientale*	乌毛蕨科	乌毛蕨属	多年生常绿花卉	
79	贯众	*Cyrtomium fortunei*	鳞毛蕨科	贯众属	多年生花卉	
80	肾蕨	*Nephrolepis auriculata*	肾蕨科	肾蕨属	多年生常绿花卉	
81	阴石蕨	*Humata repens*	骨碎补科	阴石蕨属	多年生常绿花卉	
82	圆盖阴石蕨	*H. tyermanni*	骨碎补科	阴石蕨属	多年生常绿花卉	
83	石韦	*Pyrrosia lingua*	水龙骨科	石韦属	多年生常绿花卉	
84	槲蕨	*Drynaria fortunei*	槲蕨科	槲蕨属	多年生常绿花卉	
多年生花卉						
85	赤胫散	*Polygonum runcinatum*	蓼科	蓼属	多年生花卉	
86	红脉酸膜	*Rumex sanguineus*	蓼科	酸膜属	多年生花卉	
87	岩生肥皂草	*Saponaria ocymoides*	石竹科	肥皂草属	多年生花卉	
88	石碱花	*S. officinalis*	石竹科	肥皂草属	多年生花卉	
89	剪秋罗	*Lychnis fulgens*	石竹科	剪秋罗属	多年生花卉	
90	剪夏罗	*L. coronata*	石竹科	剪秋罗属	多年生花卉	
91	须苞石竹	*Dianthus barbatus*	石竹科	石竹属	多年生花卉	
92	石竹	*D. chinensis*	石竹科	石竹属	多年生常绿花卉	
93	常夏石竹	*D. plumarius*	石竹科	石竹属	多年生常绿花卉	
94	瞿麦	*D. superbus*	石竹科	石竹属	多年生花卉	
95	宿根霞草	*Gypsophila paniculata*	石竹科	石头花属	多年生花卉	
96	仙人掌	*Opuntia stricta*	仙人掌科	仙人掌属	多年生常绿灌状肉质花卉	
97	白头翁	*Pulsatilla chinensis*	毛茛科	白头翁属	多年生花卉	

续表

序号	中文名	拉丁名	科	属	宁波应用类别	主要应用品种及相似种类
98	芍药	*Paeonia lactiflora*	毛茛科	芍药属	多年生花卉	
99	铁筷子	*Helleborus thibetanus*	毛茛科	铁筷子属	多年生常绿花卉	
100	秋牡丹	*Anemone hupehensis* var. *japonica*	毛茛科	银莲花属	多年生花卉	
101	棉团铁线莲	*Clematis. hexapetala*	毛茛科	铁线莲属	多年生花卉	
102	鱼腥草	*Houttuynia cordata*	三白草科	蕺菜属	多年生花卉	
103	白屈菜	*Chelidonium majus*	罂粟科	白屈菜属	多年生花卉	
104	岩生庭荠	*Alyssum montanum*	十字花科	庭荠属	多年生常绿花卉	
105	凹叶景天	*Sedum emarginatum*	景天科	景天属	多年生常绿肉质花卉	
106	东南景天	*S. alfredii*	景天科	景天属	多年生常绿肉质花卉	
107	反曲景天	*S. reflexum*	景天科	景天属	多年生常绿肉质花卉	
108	松塔景天	*S. lydium*	景天科	景天属	多年生常绿肉质花卉	
109	胭脂红景天	*S. spurium* ‘Coccineum’	景天科	景天属	多年生常绿肉质花卉	
110	德国景天	*S. hybridum*	景天科	景天属	多年生常绿肉质花卉	
111	费菜	*S. aizoon*	景天科	景天属	多年生常绿肉质花卉	
112	圆叶景天	*S. makinoi*	景天科	景天属	多年生常绿肉质花卉	‘金叶’圆叶景天
113	藓状景天	*S. polytrichoides*	景天科	景天属	多年生常绿肉质花卉	
114	垂盆草	*S. sarmentosum*	景天科	景天属	多年生常绿肉质花卉	
115	佛甲草	*S. lineare*	景天科	景天属	多年生肉质花卉	黄金佛甲草
116	八宝景天	*Hylotelephium spectabile*	景天科	八宝属	多年生常绿肉质花卉	‘乔伊斯•哈德森’ ‘秋之喜悦’
117	紫花八宝	*H. mingjinianum*	景天科	八宝属	多年生常绿肉质花卉	
118	矾根	*Heuchera micrantha*	虎耳草科	矾根属	多年生常绿花卉	‘饴糖’‘酒红’ ‘黄栀子’ ‘花毯’ ‘莱姆里基’ ‘皇家布朗李’ ‘提拉米苏’ ‘平静绿洲’
119	珊瑚钟	*H.sanguinea*	虎耳草科	矾根属	多年生常绿花卉	紫叶珊瑚钟
120	黄水枝	*Tiarella polyphylla*	虎耳草科	黄水枝属	多年生草本	
121	落新妇	*Astilbe chinensis*	虎耳草科	落新妇属	多年生花卉	
122	虎耳草	*Saxifraga stolonifera*	虎耳草科	虎耳草属	多年生常绿花卉	
123	红花水杨梅	*Geum coccineum*	蔷薇科	水杨梅属	多年生花卉	

续表

序号	中文名	拉丁名	科	属	宁波应用类别	主要应用品种及相似种类
124	莓叶委陵菜	*Potentilla fragarioides*	蔷薇科	委陵菜属	多年生花卉	
125	紫三叶	*Trifolium repens* 'Purpurascens Quandrifolium'	豆科	车轴草属	多年生常绿花卉	
126	澳洲蓝豆	*Baptisia australis*	豆科	蓝豆属	多年生花卉	
127	宿根亚麻	*Linum perenne*	亚麻科	亚麻属	多年生花卉	
128	大戟	*Euphorbia pekinensis*	大戟科	大戟属	多年生花卉	
129	红尾铁苋	*Acalypha reptans*	大戟科	铁苋菜属	多年生常绿蔓性花卉	
130	顶花板凳果	*Pachysandra terminalis*	黄杨科	板凳果属	多年生花卉	
131	蔓锦葵	*Callirhoe involucrate*	锦葵科	蔓锦葵属	多年生半常绿花卉	
132	锦葵	*Malva cathayensis*	锦葵科	锦葵属	多年生花卉	
133	红秋葵	*Hibiscus coccineus*	锦葵科	木槿属	多年生花卉	
134	大花秋葵	*H. moscheutos*	锦葵科	木槿属	多年生花卉	
135	蜀葵	*Althaea rosea*	锦葵科	蜀葵属	多年生花卉	
136	千屈菜	*Lythrum salicaria*	千屈菜科	千屈菜属	多年生花卉	'旋涡'千屈菜、'落紫'千屈菜
137	细叶萼距花	*Cuphea hyssopifolia*	千屈菜科	萼距花属	多年生小灌木	
138	柳叶菜	*Epilobium hirsutum*	柳叶菜科	柳叶菜属	多年生花卉	
139	美丽月见草	*Oenothera speciosa*	柳叶菜科	月见草属	多年生花卉	
140	山桃草	*Gaura lindheimeri*	柳叶菜科	山桃草属	多年生花卉	花叶山桃草、'红蝴蝶'山桃草、紫叶山桃草
141	鸭儿芹	*Cryptotaenia japonica*	伞形科	鸭儿芹属	多年生花卉	'紫叶'鸭儿芹
142	南美天胡荽	*Hydrocotyle vulgaris*	伞形科	天胡荽属	多年生花卉	
143	过路黄	*Lysimachia christinae*	报春花科	珍珠菜属	多年生花卉	金叶过路黄
144	珍珠菜	*L.clethroides*	报春花科	珍珠菜属	多年生花卉	
145	中华补血草	*Limonium sinense*	蓝雪科	补血草属	多年生花卉	
146	海石竹	*Armeria maritime*	蓝雪科	海石竹属	多年生花卉	
147	马利筋	*Asclepias curassavica*	萝藦科	马利筋属	多年生花卉	
148	宿根福禄考	*Phlox paniculata*	花荵科	天蓝绣球属	多年生常绿花卉	'Brigadier' 'Bright Eyes' 'Fujiyama' '辣椒小姐'

续表

序号	中文名	拉丁名	科	属	宁波应用类别	主要应用品种及相似种类
149	丛生福禄考	*P. subulata*	花荵科	天蓝绣球属	多年生常绿花卉	
150	聚合草	*Symphytum officinale*	紫草科	聚合花属	多年生花卉	花叶聚合草
151	柳叶马鞭草	*Verbena bonariensis*	马鞭草科	马鞭草属	多年生花卉	
152	美女樱	*V. hybrida*	马鞭草科	马鞭草属	多年生花卉	‘托斯卡尼’美女樱、‘粉公主’美女樱、玫红美女樱
153	细叶美女樱	*V. tenera*	马鞭草科	马鞭草属	多年生花卉	
154	薄荷	*Mentha haplocalyx*	唇形科	薄荷属	多年生花卉	
155	留兰香	*M. spicata*	唇形科	薄荷属	多年生花卉	
156	糙苏	*Phlomis umbrosa*	唇形科	糙苏属	多年生花卉	
157	滨藜叶分药花	*Perovskia atriplicifolia*	唇形科	分药花属	多年生花卉	
158	花叶活血丹	*Glechoma hederacea* ‘Variegata’	唇形科	活血丹属	多年生常绿花卉	
159	藿香	*Agastache rugosa*	唇形科	藿香属	多年生花卉	
160	多花筋骨草	*Ajuga multiflora*	唇形科	筋骨草属	多年生花卉	
161	筋骨草	*A. ciliata*	唇形科	筋骨草属	多年生花卉	‘酒红之光’‘美丽银色’‘紫火把’、白花筋骨草、紫叶匍匐筋骨草
162	夏枯草	*Prunella vulgaris*	唇形科	夏枯草属	多年生花卉	
163	大花夏枯草	*P. grandiflora*	唇形科	夏枯草属	多年生花卉	
164	荆芥	*Nepeta cataria*	唇形科	荆芥属	多年生花卉	‘蓝色忧伤’荆芥
165	美国薄荷	*Monarda didyma*	唇形科	美国薄荷属	多年生花卉	
166	牛至	*Origanum vulgare*	唇形科	牛至属	多年生花卉	金叶牛至
167	天蓝鼠尾草	*Salvia uliginosa*	唇形科	鼠尾草属	多年生花卉	
168	深蓝鼠尾草	*S. guaranitica* ‘Black and Blue’	唇形科	鼠尾草属	多年生花卉	
169	蓝花鼠尾草	*S. farinacea*	唇形科	鼠尾草属	多年生花卉	
170	墨西哥鼠尾草	*S. leucantha*	唇形科	鼠尾草属	多年生花卉	
171	绵毛水苏	*Stachys lanata*	唇形科	水苏属	多年生花卉	
172	粉花香科科	*Teucrium chamaedrys*	唇形科	香科科属	多年生常绿花卉	
173	野芝麻	*Lamium barbatum*	唇形科	野芝麻属	多年生花卉	

续表

序号	中文名	拉丁名	科	属	宁波应用类别	主要应用品种及相似种类
174	花烟草	*Nicotiana alata*	茄科	烟草属	多年生花卉	
175	天目地黄	*Rehmannia chingii*	玄参科	地黄属	多年生半常绿花卉	
176	红花钓钟柳	*Penstemon barbatus*	玄参科	钓钟柳属	多年生常绿花卉	
177	毛地黄钓钟柳	*P. digitalis*	玄参科	钓钟柳属	多年生常绿花卉	
178	钓钟柳	*P. campanulatus*	玄参科	钓钟柳属	多年生常绿花卉	‘西瓜太妃’钓钟柳
179	穗花婆婆纳	*Veronica spicata*	玄参科	婆婆纳属	多年生花卉	‘达尔文之蓝’穗花婆婆纳
180	朝鲜婆婆纳	*V. rotunda* var. *coreana*	玄参科	婆婆纳属	多年生花卉	
181	白接骨	*Asystasiella chinensis*	爵床科	白接骨属	多年生花卉	
182	茛力花	*Acanthus mollis*	爵床科	老鼠簕属	多年生半常绿花卉	
183	翠芦莉	*Ruellia brittoniana*	爵床科	芦莉草属	多年生花卉	
184	半边莲	*Lobelia chinensis*	桔梗科	半边莲属	多年生花卉	
185	宿根六倍利	*L. speciosa*	桔梗科	半边莲属	多年生花卉	
186	桔梗	*Platycodon grandiflorus*	桔梗科	桔梗属	多年生花卉	
187	大滨菊	*Leucanthemum maximum*	菊科	滨菊属	多年生常绿花卉	
188	滨菊	*L. vulgare*	菊科	滨菊属	多年生花卉	
189	大吴风草	*Farfugium japonicum*	菊科	大吴风草属	多年生常绿花卉	黄斑大吴风草
190	蜂斗菜	*Petasites japonicus*	菊科	蜂斗菜属	多年生花卉	
191	银蒿	*Artemisia austriaca*	菊科	蒿属	多年生半灌木状花卉	
192	艾蒿	*A. vulgaris*	菊科	蒿属	多年生花卉	黄金艾蒿
193	金光菊	*Rudbeckia laciniata*	菊科	金光菊属	多年生花卉	
194	全缘叶金光菊	*R. fulgida*	菊科	金光菊属	多年生花卉	
195	二色金光菊	*R. bicolor*	菊科	金光菊属	多年生花卉	
196	金鸡菊	*Coreopsis drummondii*	菊科	金鸡菊属	多年生花卉	
197	大花金鸡菊	*C. grandiflora*	菊科	金鸡菊属	多年生花卉	花环菊、五色菊、‘菠萝派’金鸡菊、‘孟加拉虎’金鸡菊、两色金鸡菊
198	轮叶金鸡菊	*C. verticillata*	菊科	金鸡菊属	多年生花卉	
199	大叶金鸡菊	*C. major*	菊科	金鸡菊属	多年生花卉	

续表

序号	中文名	拉丁名	科	属	宁波应用类别	主要应用品种及相似种类
200	雪叶菊	*Senecio cineraria*	菊科	千里光属	多年生常绿花卉	
201	银叶菊	*S. cineraria* 'Cirrus'	菊科	千里光属	多年生常绿花卉	'银灰''钻石'
202	千里光	*S. scandens*	菊科	千里光属	多年生花卉	
203	赛菊芋	*Heliopsis helianthoides*	菊科	赛菊芋属	多年生花卉	
204	蛇鞭菊	*Liatris spicata*	菊科	蛇鞭菊属	多年生花卉	
205	银香菊	*Santolina amaecyparissus*	菊科	神圣亚麻属	多年生常绿花卉	
206	高山蓍	*Achillea alpina*	菊科	蓍属	多年生常绿花卉	
207	凤尾蓍草	*A. filipendulina*	菊科	蓍属	多年生常绿花卉	
208	千叶蓍	*A. millefolium*	菊科	蓍属	多年生常绿花卉	'红云' '红美人' '金唱片' '糖果' '樱桃女王' '贵族'
209	珠蓍	*A. ptarmica*	菊科	蓍属	多年生常绿花卉	
210	白花蓍草	*A. sibirica*	菊科	蓍属	多年生常绿花卉	
211	黄金菊	*Euryops pectinatus* 'Viridis'	菊科	梳黄菊属	多年生至亚灌木常绿花卉	
212	梳黄菊	*E. pectinatus*	菊科	梳黄菊属	多年生常绿花卉	
213	宿根天人菊	*Gaillardia aristata*	菊科	天人菊属	多年生花卉	天人菊、'亚利桑那阳光'天人菊、'梅萨黄'天人菊
214	甜叶菊	*Stevia rebaudiana*	菊科	甜叶菊属	多年生花卉	
215	齿叶橐吾	*Ligularia dentata*	菊科	橐吾属	多年生花卉	
216	橐吾	*L. sibirica*	菊科	橐吾属	多年生花卉	
217	蹄叶橐吾	*L. fischeri*	菊科	橐吾属	多年生花卉	
218	大头橐吾	*L. japonica*	菊科	橐吾属	多年生花卉	
219	大花旋覆花	*Inula britanica*	菊科	旋复花属	多年生花卉	
220	旋覆花	*I. japonica*	菊科	旋复花属	多年生花卉	
221	亚菊	*Ajania pallasiana*	菊科	亚菊属	多年生草本至亚灌木常绿花卉	'Silver and Gold'
222	木茼蒿	*Argyranthemum frutescens*	菊科	木茼蒿属	多年生半灌木状花卉	
223	紫松果菊	*Echinacea purpurea*	菊科	松果菊属	多年生花卉	白花松果菊
224	三褶脉紫菀	*Aster ageratoides*	菊科	紫菀属	多年生花卉	

续表

序号	中文名	拉丁名	科	属	宁波应用类别	主要应用品种及相似种类
225	高山紫菀	*A. alpinus*	菊科	紫菀属	多年生花卉	
226	美国紫菀	*A. novae-angliae*	菊科	紫菀属	多年生花卉	
227	荷兰菊	*A. novi-belgii*	菊科	紫菀属	多年生花卉	
228	紫菀	*A. tataricus*	菊科	紫菀属	多年生花卉	
229	大麻叶泽兰	*Eupatorium cannabinum*	菊科	泽兰属	多年生花卉	佩兰
230	菊花	*Dendranthema* × *morifolium*	菊科	菊属	多年生花卉	乒乓菊
231	火炬花	*Kniphofia uvaria*	百合科	火把莲属	多年生常绿花卉	
232	沿阶草	*Ophiopogon bodinieri*	百合科	沿阶草属	多年生常绿花卉	银边麦冬
233	银纹沿阶草	*O. intermedius* 'Argenteo-marginaatus'	百合科	沿阶草属	多年生常绿花卉	
234	麦冬	*O. japonicus*	百合科	沿阶草属	多年生常绿花卉	矮麦冬
235	矮生沿阶草	*O. bodinieri* var. *pygmaeus*	百合科	沿阶草属	多年生常绿花卉	
236	黑麦冬	*O. apus* 'Arabicus'	百合科	山麦冬属	多年生常绿花卉	
237	金边阔叶麦冬	*Liriope muscari* 'Variegata'	百合科	山麦冬属	多年生常绿花卉	黑麦冬
238	阔叶山麦冬	*L. platyphylla*	百合科	山麦冬属	多年生常绿花卉	兰花三七
239	山麦冬	*L. spicata*	百合科	山麦冬属	多年生常绿花卉	
240	天门冬	*Asparagus cochinchinensis*	百合科	天门冬属	多年生常绿花卉	狐尾天门冬
241	羊齿天门冬	*A. filicinus*	百合科	天门冬属	多年生常绿花卉	
242	万年青	*Rohdea japonica*	百合科	万年青属	多年生常绿花卉	
243	大花萱草	*Hemerocallis* spp.	百合科	萱草属	多年生花卉	'优雅的糖果' '芝加哥之火' '四十二街' '金娃娃' '回复' '白色牧羊人' '黑丝绒'
244	萱草	*H. fulva*	百合科	萱草属	多年生花卉	
245	北黄花菜	*H. lilioasphodelus*	百合科	萱草属	多年生花卉	
246	小黄花菜	*H. minor*	百合科	萱草属	多年生花卉	
247	黄花菜	*H. citrina*	百合科	萱草属	多年生花卉	
248	小萱草	*H. dumortieri*	百合科	萱草属	多年生花卉	

续表

序号	中文名	拉丁名	科	属	宁波应用类别	主要应用品种及相似种类
249	北萱草	*H. esculenta*	百合科	萱草属	多年生花卉	
250	大苞萱草	*H. middendorfii*	百合科	萱草属	多年生花卉	
251	西南萱草	*H. forrestii*	百合科	萱草属	多年生花卉	
252	折叶萱草	*H. plicata*	百合科	萱草属	多年生花卉	
253	矮萱草	*H. nana*	百合科	萱草属	多年生花卉	
254	多花萱草	*H. multiflora*	百合科	萱草属	多年生花卉	
255	玉簪	*Hosta plantaginea*	百合科	玉簪属	多年生花卉	‘法兰西’ ‘安妮’ ‘奥拓’ ‘戴安娜’ ‘蓝天使’ ‘凯瑟琳’ ‘半天’ ‘金刚狼’ ‘色彩’
256	紫萼	*H. ventricosa*	百合科	玉簪属	多年生花卉	
257	紫玉簪	*H. albo-marginata*	百合科	玉簪属	多年生花卉	
258	花叶玉簪	*H. undulata*	百合科	玉簪属	多年生花卉	‘奥拓’ ‘蓝天使’ ‘戴安娜’ ‘凯瑟琳’ ‘金刚狼’
259	蜘蛛抱蛋	*Aspidistra elatior*	百合科	蜘蛛抱蛋属	多年生常绿花卉	洒金蜘蛛抱蛋
260	花叶山菅兰	*Dianella ensifolia* ‘Silvery Stripe’	百合科	山菅属	多年生常绿花卉	
261	玉竹	*Polygonatum odoratum*	百合科	黄精属	多年生花卉	
262	花叶多花玉竹	*P. odoratum* var. *plruiflorum* ‘Variegatum’	百合科	黄精属	多年生花卉	
263	多花黄精	*P. cyrtonema*	百合科	黄精属	多年生花卉	
264	金边龙舌兰	*Agave americana* var. *marginata*	龙舌兰科	龙舌兰属	多年生常绿花卉	
265	金黄番红花	*Crocus chrysanthus*	鸢尾科	番红花属	多年生花卉	
266	射干	*Belamcanda chinensis*	鸢尾科	射干属	多年生花卉	
267	加州庭菖蒲	*Sisyrinchium californicum*	鸢尾科	庭菖蒲属	多年生常绿花卉	
268	庭菖蒲	*S. rosulatum*	鸢尾科	庭菖蒲属	多年生花卉	
269	玉蝉花	*Iris ensata*	鸢尾科	鸢尾属	多年生花卉	花叶玉蝉花

续表

序号	中文名	拉丁名	科	属	宁波应用类别	主要应用品种及相似种类
270	花菖蒲	*I. ensata* var. *hortensis*	鸢尾科	鸢尾属	多年生半常绿花卉	
271	黄菖蒲	*I. pseudacorus*	鸢尾科	鸢尾属	多年生花卉	
272	溪荪	*I. sanguinea*	鸢尾科	鸢尾属	多年生花卉	
273	德国鸢尾	*I. germanica*	鸢尾科	鸢尾属	多年生花卉	‘幻梦’ ‘魂断蓝桥’ ‘幻仙’ ‘雅韵’ ‘麦耳’
274	蝴蝶花	*I. japonica*	鸢尾科	鸢尾属	多年生常绿花卉	
275	白蝴蝶花	*I. japonica* f. *pallescens*	鸢尾科	鸢尾属	多年生常绿花卉	
276	马蔺	*I. lactea* var. *chinensis*	鸢尾科	鸢尾属	多年生花卉	
277	西伯利亚鸢尾	*I. sibirica*	鸢尾科	鸢尾属	多年生花卉	
278	鸢尾	*I. tectorum*	鸢尾科	鸢尾属	多年生花卉	
279	紫露草	*Tradescantia reflexa*	鸭跖草科	紫露草属	多年生草本	
280	紫竹梅	*Setcreasea purpurea*	鸭跖草科	紫竹梅属	多年生常绿草本	
281	石菖蒲	*Acorus tatarinowii*	天南星科	菖蒲属	多年生草本	
282	金叶石菖蒲	*A. gramineus* ‘Ogan’	天南星科	菖蒲属	多年生常绿花卉	
283	金线石菖蒲	*A. gramineus* var. *pusillus*	天南星科	菖蒲属	多年生常绿花卉	
284	旱伞草	*Cyperus alternifolius*	莎草科	莎草属	多年生常绿花卉	
球根花卉						
285	紫叶酢浆草	*Oxalis triangularis* ‘Urpurea’	酢浆草科	酢浆草属	常绿球根花卉	
286	红花酢浆草	*O. corymbosa*	酢浆草科	酢浆草属	常绿球根花卉	
287	多花酢浆草	*O. martiana*	酢浆草科	酢浆草属	常绿球根花卉	
288	酢浆草	*O. corniculata*	酢浆草科	酢浆草属	常绿球根花卉	
289	芙蓉酢浆草	*O. purpurea*	酢浆草科	酢浆草属	常绿球根花卉	
290	有斑百合	*Lilium concolor* var. *pulchellum*	百合科	百合属	球根花卉	
291	百合	*L. brownii* var. *viridulum*	百合科	百合属	球根花卉	
292	麝香百合	*L. longiflorum*	百合科	百合属	球根花卉	
293	大花葱	*Allium giganteum*	百合科	葱属	夏季休眠球根花卉	

续表

序号	中文名	拉丁名	科	属	宁波应用类别	主要应用品种及相似种类
294	地中海蓝钟花	*Scilla peruviana*	百合科	绵枣儿属	夏季休眠球根花卉	
295	葡萄风信子	*Muscari botryoides*	百合科	蓝壶花属	夏季休眠球根花卉	
296	郁金香	*Tulipa gesneriana*	百合科	郁金香属	夏季休眠球根花卉	
297	百子莲	*Agapanthus africanus*	石蒜科	百子莲属	常绿球根花卉	
298	葱兰	*Zephyranthes candida*	石蒜科	葱莲属	常绿球根花卉	
299	韭兰	*Z. grandiflora*	石蒜科	葱莲属	球根花卉	
300	绵枣儿	*Scilla scilloides*	百合科	绵枣儿属	夏季休眠球根花卉	
301	石蒜	*Lycoris radiata*	石蒜科	石蒜属	夏季休眠球根花卉	
302	玫瑰石蒜	*L. rosea*	石蒜科	石蒜属	夏季休眠球根花卉	
303	忽地笑	*L. aurea*	石蒜科	石蒜属	夏季休眠球根花卉	
304	中国石蒜	*L. chinensis*	石蒜科	石蒜属	夏季休眠球根花卉	
305	稻草石蒜	*L. straminea*	石蒜科	石蒜属	夏季休眠球根花卉	
306	乳白石蒜	*L. albiflora*	石蒜科	石蒜属	夏季休眠球根花卉	
307	江苏石蒜	*L. houdyshelii*	石蒜科	石蒜属	夏季休眠球根花卉	
308	长筒石蒜	*L. longituba*	石蒜科	石蒜属	夏季休眠球根花卉	
309	黄长筒石蒜	*L. longituba* var. *flava*	石蒜科	石蒜属	夏季休眠球根花卉	
310	换锦花	*L. sprengeri*	石蒜科	石蒜属	夏季休眠球根花卉	
311	红蓝石蒜	*L. haywardii*	石蒜科	石蒜属	夏季休眠球根花卉	
312	水鬼蕉	*Hymenocallis littoralis*	石蒜科	水鬼蕉属	常绿球根花卉	
313	文殊兰	*Crinum asiaticum*	石蒜科	文殊兰属	常绿球根花卉	
314	紫娇花	*Tulbaghia violacea*	石蒜科	紫娇花属	常绿球根花卉	花叶紫娇花
315	喇叭水仙	*Narcissus pseudonarcissus*	石蒜科	水仙属	夏季休眠球根花卉	
316	朱顶红	*Hippeastrum rutilum*	石蒜科	朱顶红属	球根花卉	
317	火星花	*Crocosmia crocosmiiflora*	鸢尾科	雄黄兰属	冬季休眠球根花卉	
318	姜花	*Hedychium coronarium*	姜科	姜花属	冬季休眠球根花卉	
319	山姜	*Alpinia japonica*	姜科	山姜属	常绿球根花卉	
320	大花美人蕉	*Canna generalis*	美人蕉科	美人蕉属	冬季休眠球根花卉	花叶美人蕉
321	美人蕉	*C. indica*	美人蕉科	美人蕉属	冬季休眠球根花卉	

续表

序号	中文名	拉丁名	科	属	宁波应用类别	主要应用品种及相似种类
322	黄花美人蕉	*C. indica* var. *flava*	美人蕉科	美人蕉属	冬季休眠球根花卉	
323	紫叶美人蕉	*C. warscewiezii*	美人蕉科	美人蕉属	冬季休眠球根花卉	
324	‘黄脉’美人蕉	*C.× generalis* ‘Striata’	美人蕉科	美人蕉属	冬季休眠球根花卉	
325	红花美人蕉	*C. coccinea*	美人蕉科	美人蕉属	冬季休眠球根花卉	
326	白及	*Bletilla striata*	兰科	白及属	常绿球根花卉	
观赏草						
327	血草	*Imperata cylindrica* ‘Red baron’	禾本科	白茅属	冬季休眠观赏草	
328	发草	*Deschampsia caespitosa*	禾本科	发草属	观赏草	
329	杂交拂子茅	*Calamagrostis ×acutiflora*	禾本科	拂子茅属	观赏草	花叶拂子茅、卡尔富拂子茅
330	拂子茅	*C. epigeios*	禾本科	拂子茅属	观赏草	
331	棕叶狗尾草	*Setaria palmifolia*	禾本科	狗尾草属	观赏草	
332	狼尾草	*Pennisetum alopecuroides*	禾本科	狼尾草属	冬季休眠观赏草	
333	‘小兔子’狼尾草	*P. alopecuroides* ‘Little Bunny’	禾本科	狼尾草属	冬季休眠观赏草	
334	紫叶狼尾草	*P. setaceum* ‘Rubrum’	禾本科	狼尾草属	冬季休眠观赏草	
335	粉穗狼尾草	*P. alopecuroides* var. *viridescens*	禾本科	狼尾草属	冬季休眠观赏草	坡地毛冠草
336	大布尼狼尾草	*P. orientale* ‘Tall’	禾本科	狼尾草属	冬季休眠观赏草	
337	东方狼尾草	*P. orientale*	禾本科	狼尾草属	冬季休眠观赏草	
338	羽绒狼尾草	*P. setaceum* ‘Rueppelii’	禾本科	狼尾草属	冬季休眠观赏草	
339	长柔毛狼尾草	*P. villosum*	禾本科	狼尾草属	冬季休眠观赏草	
340	御谷	*P. glaucum*	禾本科	狼尾草属	一年生观赏草	
341	紫御谷	*P. glaucum* ‘Purple Majesty’	禾本科	狼尾草属	一年生观赏草	‘翡翠公主’观赏谷子
342	花叶芦竹	*Arundo donax* var. *versicolor*	禾本科	芦竹属	常绿观赏草	
343	芦竹	*A. donax*	禾本科	芦竹属	常绿观赏草	
344	粉黛乱子草	*Muhlenbergia capillaris* ‘Regal Mist’	禾本科	乱子草属	冬季休眠观赏草	

续表

序号	中文名	拉丁名	科	属	宁波应用类别	主要应用品种及相似种类
345	荻	*Miscanthus sacchariflorus*	禾本科	芒属	冬季休眠观赏草	
346	芒	*M. sinensis*	禾本科	芒属	冬季休眠观赏草	玲珑芒、克莱因芒
347	斑叶芒	*M. sinensis* 'Zebrinus'	禾本科	芒属	冬季休眠观赏草	细叶芒、花叶芒、晨光芒
348	蒲苇	*Cortaderia selloana*	禾本科	蒲苇属	常绿观赏草	花叶蒲苇、玫红蒲苇
349	矮蒲苇	*C. selloana* 'Pumila'	禾本科	蒲苇属	常绿观赏草	
350	香茅	*Cymbopogon citratus*	禾本科	香茅属	冬季休眠观赏草	柠檬香茅
351	画眉草	*Eragrostis pilosa*	禾本科	画眉草属	观赏草	'红舞者'画眉草
352	箱根草	*Hakonechloa macra*	禾本科	箱根草属	观赏草	
353	金色箱根草	*H. macra* 'Aureola'	禾本科	箱根草属	冬季休眠观赏草	
354	燕麦草	*Arrhenatherum elatius*	禾本科	燕麦草属	观赏草	花叶燕麦草
355	柳枝稷	*Panicum virgatum*	禾本科	黍属	常绿观赏草	'圣艾修'柳枝稷、'重金属'柳枝稷
356	蓝羊茅	*Festuca ovina* var. *glauca*	禾本科	羊茅属	常绿观赏草	'埃丽' '迷你' '蓝灰' '铜之蓝' '哈尔茨' '米尔布'
357	蓝滨麦	*Leymus condensatus*	禾本科	赖草属	常绿观赏草	'幸运'蓝滨麦
358	滨麦	*L. mollis*	禾本科	赖草属	观赏草	
359	野青茅	*Deyeuxia arundinacea*	禾本科	野青茅属	观赏草	
360	玉带草	*Phalaris arundinacea* var. *picta*	禾本科	虉草属	常绿观赏草	
361	细茎针茅	*Stipa lessingiana*	禾本科	针茅属	常绿观赏草	
362	小盼草	*Chasmanthium latifolium*	禾本科	北美穗草属	半常绿观赏草	
363	花叶水葱	*Scirpus validus* 'Zebrinus'	莎草科	藨草属	冬季休眠观赏草	
364	水葱	*S. validus*	莎草科	藨草属	观赏草	
365	条穗薹草	*Carex nemostachys*	莎草科	薹草属	常绿观赏草	
366	针叶薹草	*C. onoei*	莎草科	薹草属	常绿观赏草	

续表

序号	中文名	拉丁名	科	属	宁波应用类别	主要应用品种及相似种类
367	金叶薹草	*C. oshimensis* 'Evergold'	莎草科	薹草属	常绿观赏草	
368	棕红薹草	*C. buchananii*	莎草科	薹草属	常绿观赏草	
369	棕叶薹草	*C. kucyniakii*	莎草科	薹草属	常绿观赏草	
370	细叶薹草	*C. stenophylla*	莎草科	薹草属	常绿观赏草	
371	披针叶薹草	*C. lanceolata*	莎草科	薹草属	常绿观赏草	
372	宽叶薹草	*C. siderosticta*	莎草科	薹草属	常绿观赏草	
藤本植物						
373	千叶兰	*Muehlenbeckia complexa*	蓼科	千叶兰属	多年生常绿匍匐草质藤本	
374	铁线莲	*Clematis* spp.	毛茛科	铁线莲属	多年生落叶或常绿草质或木质藤本	
375	重瓣铁线莲	*C. florida* var. *plena*	毛茛科	铁线莲属	多年生草质藤本	
376	大花铁线莲	*C. patens*	毛茛科	铁线莲属	多年生草质藤本	
377	毛叶铁线莲	*C. lanuginosa*	毛茛科	铁线莲属	多年生草质藤本	
378	威灵仙	*C. chinensis*	毛茛科	铁线莲属	常绿木质藤本	
379	女萎	*C. apiifolia*	毛茛科	铁线莲属	落叶木质藤本	
380	辣蓼铁线莲	*C. terniflora* var. *mandshurica*	毛茛科	铁线莲属	多年生藤本	
381	单叶铁线莲	*C. henryi*	毛茛科	铁线莲属	常绿木质藤本	
382	藤本月季	*Rosa* spp.	蔷薇科	蔷薇属	落叶木质攀缘藤本	'贾博士的纪念' '安吉拉' '藤彩虹' '路易克莱门兹'
383	金边扶芳藤	*Euonymus fortunei* 'Emerald Gold'	卫矛科	卫矛属	常绿匍匐或攀缘木质藤本	速铺扶芳藤、银边扶芳藤
384	小叶扶芳藤	*E. fortunei* var. *radicans*	卫矛科	卫矛属	常绿匍匐藤本	
385	中华常春藤	*Hedera nepalensis* var. *sinensis*	五加科	常春藤属	常绿木质攀缘藤本	
386	洋常春藤	*H. helix*	五加科	常春藤属	常绿匍匐藤本	
387	络石	*Trachelospermum jasminoides*	夹竹桃科	络石属	常绿匍匐藤本	
388	花叶络石	*T. jasminoides* 'Flame'	夹竹桃科	络石属	常绿木质攀缘藤本	
389	黄金络石	*T. asiaticum* 'Ougonnishiki'	夹竹桃科	络石属	常绿木质攀缘藤本	
390	蔓长春花	*Vinca major*	夹竹桃科	蔓长春花属	常绿匍匐藤本	

序号	中文名	拉丁名	科	属	宁波应用类别	主要应用品种及相似种类
391	花叶蔓长春花	*V. major* 'Variegata'	夹竹桃科	蔓长春花属	常绿蔓性亚灌木	
392	硬骨凌霄	*Tecomaria capensis*	紫葳科	硬骨凌霄属	常绿蔓生藤本，幼时灌木状	'黄花' 硬骨凌霄
393	凌霄	*Campsis grandiflora*	紫葳科	凌霄属	攀缘藤本	
394	美国凌霄	*C. radicans*	紫葳科	凌霄属	攀缘藤本	
395	金银花	*Lonicera japonica*	忍冬科	忍冬属	半常绿攀缘藤本	
396	京红久忍冬	*L. heckrotti*	忍冬科	忍冬属	半常绿攀缘藤本	
397	金叶甘薯	*Ipomoea batatas* 'Golden Summer'	旋花科	番薯属	多年生草质蔓生植物	金叶裂叶甘薯
398	紫叶甘薯	*I. batatus* 'Blackie'	旋花科	番薯属	多年生草质蔓生植物	紫叶裂叶甘薯
木本植物						
399	苏铁	*Cycas revoluta*	苏铁科	苏铁属	常绿乔木	
400	'蓝地毯' 刺柏	*Juniperus squamata* 'Blue Carpet'	柏科	刺柏属	常绿针叶铺地灌木	
401	'绿地毯' 刺柏	*J. squamata* 'Green Carpet'	柏科	刺柏属	常绿针叶铺地灌木	
402	'蓝阿尔卑斯' 刺柏	*J. chinensis* 'Blue Alps'	柏科	刺柏属	常绿灌木	
403	洒金千头柏	*Platycladus orientalis* 'Aurea Nana'	柏科	侧柏属	常绿灌木	
404	皮球柏	*Chamaecyparis lawsoniana* 'Green Ball'	柏科	扁柏属	常绿灌木	
405	'蓝色波尔瓦多' 花柏	*C. pisifera* 'Bouluevard'	柏科	扁柏属	常绿灌木	
406	蓝湖柏	*C. pisifera* 'Boulevard'	柏科	扁柏属	常绿灌木	
407	蓝冰柏	*Cupressus glabra* 'Blue Ice'	柏科	柏木属	常绿小乔木	
408	绿十柏	*C. arizonica*	柏科	柏木属	常绿乔木	
409	杞柳	*Salix integra*	杨柳科	柳属	落叶灌木	
410	彩叶杞柳	*S. integra* 'Hakuro Nishiki'	杨柳科	柳属	落叶灌木	
411	蜡梅	*Chimonanthus praecox*	蜡梅科	蜡梅属	落叶灌木	
412	美国夏蜡梅	*Calycanthus floridus*	蜡梅科	夏蜡梅属	落叶灌木	
413	南天竹	*Nandina domestica*	小檗科	南天竹属	常绿灌木	

续表

序号	中文名	拉丁名	科	属	宁波应用类别	主要应用品种及相似种类
414	火焰南天竹	*N. domestica* ‘Firepower’	小檗科	南天竹属	常绿灌木	
415	小檗	*Berberis thunbergii*	小檗科	小檗属	落叶灌木	
416	金叶小檗	*B. thunbergii* ‘Aurea’	小檗科	小檗属	落叶灌木	紫叶小檗
417	刺檗	*B. vulgaris*	小檗科	小檗属	落叶灌木	
418	十大功劳	*Mahonia fortunei*	小檗科	十大功劳属	常绿灌木	
419	厚皮香	*Ternstroemia gymnanthera*	山茶科	厚皮香属	常绿灌木	
420	滨柃	*Eurya emarginata*	山茶科	柃木属	常绿灌木	
421	茶梅	*Camellia sasanqua*	山茶科	山茶属	常绿灌木或小乔木	
422	山茶	*C. japonica*	山茶科	山茶属	常绿灌木	
423	美人茶	*C. uraku*	山茶科	山茶属	常绿灌木	
424	毛枝连蕊茶	*C. trichoclada*	山茶科	山茶属	常绿小灌木	
425	微花连蕊茶	*C. minutiflora*	山茶科	山茶属	常绿小灌木	
426	金丝桃	*Hypericum monogynum*	藤黄科	金丝桃属	落叶灌木	
427	金丝梅	*H. patulum*	藤黄科	金丝桃属	落叶灌木	
428	红花檵木	*Loropetalum chinense* var. *rubrum*	金缕梅科	檵木属	常绿灌木	
429	小叶蚊母树	*Distylium buxifolium*	金缕梅科	蚊母树属	常绿灌木	
430	中华蚊母树	*D. chinense*	金缕梅科	蚊母树属	常绿灌木	
431	山梅花	*Philadelphus incanus*	虎耳草科	山梅花属	落叶灌木	
432	浙江山梅花	*P. zhejiangensis*	虎耳草科	山梅花属	落叶灌木	
433	冰生溲疏	*Deutzia gracilis*	虎耳草科	溲疏科	落叶灌木	雪球冰生溲疏
434	玫瑰溲疏	*D. rosea*	虎耳草科	溲疏科	落叶灌木	
435	粉花溲疏	*D. rubens*	虎耳草科	溲疏科	落叶灌木	
436	宁波溲疏	*D. ningpoensis*	虎耳草科	溲疏属	落叶灌木	
437	溲疏	*D. scabra*	虎耳草科	溲疏属	落叶灌木	
438	重瓣溲疏	*D. scabra* var. *plena*	虎耳草科	溲疏属	落叶灌木	
439	长江溲疏	*D. schneideriana*	虎耳草科	溲疏属	落叶灌木	
440	红花溲疏	*D. silvestrii*	虎耳草科	溲疏属	落叶灌木	
441	黄山溲疏	*D. glauca*	虎耳草科	溲疏属	落叶灌木	
442	浙江溲疏	*D. faberi*	虎耳草科	溲疏属	落叶灌木	

续表

序号	中文名	拉丁名	科	属	宁波应用类别	主要应用品种及相似种类
443	八仙花	*Hydrangea macrophylla*	虎耳草科	绣球属	落叶灌木	圆锥绣球、‘无尽夏’八仙花
444	白鹃梅	*Exochorda racemosa*	蔷薇科	白鹃梅属	落叶灌木	
445	棣棠花	*Kerria japonica*	蔷薇科	棣棠花属	落叶丛生灌木	
446	重瓣棣棠花	*K. japonica* f. *pleniflora*	蔷薇科	棣棠花属	落叶丛生灌木	
447	北美风箱果	*Physocarpus opulifolius*	蔷薇科	风箱果属	落叶灌木	
448	金叶风箱果	*P. opulifolius* var. *luteus*	蔷薇科	风箱果属	落叶灌木	紫叶风箱果
449	火棘	*Pyracantha fortuneana*	蔷薇科	火棘属	常绿灌木	
450	小丑火棘	*P. fortuneana* ‘Harlequin’	蔷薇科	火棘属	常绿灌木	
451	窄叶火棘	*P. angustifolia*	蔷薇科	火棘属	常绿灌木	
452	郁李	*Cerasus japonica*	蔷薇科	樱属	落叶灌木	
453	月季	*Rosa chinensis*	蔷薇科	蔷薇属	常绿或落叶灌木	
454	玫瑰	*R. rugosa*	蔷薇科	蔷薇属	常绿灌木	
455	石斑木	*Rhaphiolepis indica*	蔷薇科	石斑木属	常绿灌木	
456	厚叶石斑木	*R. umbellata*	蔷薇科	石斑木属	常绿灌木或小乔木	
457	红叶石楠	*Photinia* × *fraseri*	蔷薇科	石楠属	常绿灌木	
458	紫叶矮樱	*Prunus* × *cistena*	蔷薇科	李属	落叶灌木	
459	碧桃	*Amygdalus persica* f. *duplex*	蔷薇科	桃属	小乔木	
460	紫叶碧桃	*A. persica* f. *atropurpurea*	蔷薇科	桃属	小乔木	
461	梅花	*Armeniaca mume*	蔷薇科	杏属	小乔木	
462	绣线菊	*Spiraea salicifolia*	蔷薇科	绣线菊属	落叶灌木	白花绣线菊、‘粉公主’绣线菊
463	金焰绣线菊	*S.* × *bumalda* ‘Gold Flame’	蔷薇科	绣线菊属	落叶灌木	
464	金山绣线菊	*S.* × *bumalda* ‘Gold Mound’	蔷薇科	绣线菊属	落叶灌木	
465	粉花绣线菊	*S. japonica*	蔷薇科	绣线菊属	落叶灌木	
466	绣球绣线菊	*S. blumei*	蔷薇科	绣线菊属	落叶灌木	
467	喷雪花	*S. thunbergii*	蔷薇科	绣线菊属	落叶灌木	

续表

序号	中文名	拉丁名	科	属	宁波应用类别	主要应用品种及相似种类
468	单瓣李叶绣线菊	*S. prunifolia* var. *simpliciflora*	蔷薇科	绣线菊属	落叶灌木	
469	平枝栒子	*Cotoneaster horizontalis*	蔷薇科	栒子属	落叶灌木	
470	胡枝子	*Lespedeza bicolor*	豆科	胡枝子属	落叶灌木	
471	美丽胡枝子	*L. formosa*	豆科	胡枝子属	落叶灌木	
472	金雀儿	*Cytisus scoparius*	豆科	金雀儿属	落叶灌木	
473	锦鸡儿	*Caragana sinica*	豆科	锦鸡儿属	落叶灌木	
474	双荚决明	*Cassia bicapsularis*	豆科	决明属	落叶或半常绿灌木	
475	伞房决明	*C. corymbosa*	豆科	决明属	半常绿灌木	
476	槐叶决明	*C. sophera*	豆科	决明属	落叶灌木	
477	染料木	*Genista tinctoria*	豆科	染料木属	落叶灌木	
478	木蓝	*Indigofera himamlayensis*	豆科	木蓝属	落叶灌木	
479	鹰爪豆	*Spartium junceum*	豆科	鹰爪豆属	常绿灌木	
480	紫叶加拿大紫荆	*Cercis canadensis*	豆科	紫荆属	落叶灌木	
481	紫荆	*C. chinensis*	豆科	紫荆属	落叶灌木	
482	黄山紫荆	*C. chingii*	豆科	紫荆属	落叶灌木	
483	清香木	*Pistacia weinmannifolia*	漆树科	黄连木属	常绿灌木或小乔木	
484	鸡爪槭	*Acer palmatum*	槭树科	槭树属	落叶小乔木	
485	羽毛枫	*A. palmatum* 'Dissectum'	槭树科	槭树属	落叶小乔木	
486	红枫	*A. palmatum* 'Atropurpureum'	槭树科	槭树属	落叶小乔木	日本黄金枫、蝴蝶枫
487	红羽毛枫	*A. palmatum* 'Dissectum Ornatum'	槭树科	槭树属	落叶小乔木	
488	枸骨	*Ilex cornuta*	冬青科	冬青属	常绿灌木	无刺枸骨、花叶枸骨、金叶枸骨
489	钝齿冬青	*I. crenata*	冬青科	冬青属	常绿灌木	'完美'钝齿冬青 '先令'钝齿冬青 '金宝石'、龟甲冬青、直立冬青
490	枸骨叶冬青	*I. aquifolium*	冬青科	冬青属	常绿灌木	'金边''银边'
491	卫矛	*Euonymus alatus*	卫矛科	卫矛属	落叶灌木	火焰卫矛

续表

序号	中文名	拉丁名	科	属	宁波应用类别	主要应用品种及相似种类
492	小叶卫矛	*E. alatus* f. *microphyllus*	卫矛科	卫矛属	常绿灌木	银边小叶卫矛、金边小叶卫矛
493	雀梅藤	*Sageretia thea*	鼠李科	雀梅藤属	落叶灌木或藤状	
494	海滨木槿	*Hibiscus hamabo*	锦葵科	木槿属	落叶灌木	
495	木芙蓉	*H. mutabilis*	锦葵科	木槿属	落叶灌木或小乔木	
496	重瓣木芙蓉	*H. mutabilis* f. *plenus*	锦葵科	木槿属	落叶灌木或小乔木	
497	芙蓉葵	*H. moscheutos*	锦葵科	木槿属	落叶灌木	
498	木槿	*H. syriacus*	锦葵科	木槿属	落叶灌木或小乔木	扶桑花
499	小木槿	*Anisodontea capensis*	锦葵科	南非葵属	落叶灌木	
500	高砂芙蓉	*Pavonia hastate*	锦葵科	粉葵属	落叶小灌木	
501	结香	*Edgeworthia chrysantha*	瑞香科	结香属	落叶灌木	
502	佘山胡颓子	*Elaeagnus argyi*	胡颓子科	胡颓子属	落叶灌木	
503	胡颓子	*E. pungens*	胡颓子科	胡颓子属	常绿灌木	金心胡颓子、银边胡颓子
504	金边胡颓子	*E. pungens* ‘Aureo-marginata’	胡颓子科	胡颓子属	常绿灌木	
505	金边埃比胡颓子	*E.* × *ebbingei* ‘Gill Edge’	胡颓子科	胡颓子属	常绿灌木	
506	柽柳	*Tamarix chinensis*	柽柳科	柽柳属	落叶灌木或小乔木	
507	紫薇	*Lagerstroemia indica*	千屈菜科	紫薇属	落叶灌木或小乔木	
508	复色矮紫薇	*L. indica* ‘Bicolor’	千屈菜科	紫薇属	落叶灌木	
509	赤楠	*Syzygium buxifolium*	桃金娘科	蒲桃属	常绿灌木	
510	黄金香柳	*Melaleuca bracteata* ‘Revolution Gold’	桃金娘科	白千层属	常绿乔木	
511	松红梅	*Leptospermum scoparium*	桃金娘科	薄子木属	常绿小灌木	
512	菲油果	*Feijoa sellowiana*	桃金娘科	菲油果属	常绿灌木或小乔木	‘Anatoki’ ‘Kakariki’ ‘Barton’ ‘Coolidge’ ‘Mammoth’ ‘Unique’ ‘Apollo’ ‘Gemini’ ‘Triumph’
513	红千层	*Callistemon rigidus*	桃金娘科	红千层属	常绿灌木或小乔木	

续表

序号	中文名	拉丁名	科	属	宁波应用类别	主要应用品种及相似种类
514	多花红千层	*C. viminalis* 'Hannah Ray'	桃金娘科	红千层属	常绿灌木或小乔木	
515	美花红千层	*C. citrinus* 'Splendens'	桃金娘科	红千层属	常绿灌木或小乔木	
516	香桃木	*Myrtus communis*	桃金娘科	香桃木属	常绿丛生灌木	花叶香桃木
517	五色梅	*Lantana camara*	马鞭草科	马缨丹属	落叶灌木	
518	石榴	*Punica granatum*	石榴科	石榴属	落叶乔木或灌木	
519	红瑞木	*Cornus alba*	山茱萸科	梾木属	落叶灌木	金叶红瑞木、银边红瑞木
520	洒金桃叶珊瑚	*Aucuba chinensis* 'Variegata'	山茱萸科	桃叶珊瑚属	常绿灌木	
521	熊掌木	*Fatshedera lizei*	五加科	熊掌木属	常绿灌木	花叶熊掌木、鹅掌柴
522	杜鹃花	*Rhododendron simsii*	杜鹃花科	杜鹃花属	常绿灌木	西洋杜鹃
523	羊踯躅	*R. molle*	杜鹃花科	杜鹃花属	落叶灌木	
524	越橘	*Vaccinium vitisidaea*	杜鹃花科	越橘属	常绿灌木	
525	朱砂根	*Ardisia crenata*	紫金牛科	紫金牛属	常绿灌木	
526	紫金牛	*A. japonica*	紫金牛科	紫金牛属	常绿亚灌木	
527	蓝雪花	*Plumbago auriculata*	蓝雪科	蓝雪属	直立亚灌木	
528	秤锤树	*Sinojackia xylocarpa*	安息香科	秤锤树	落叶小乔木	
529	美国金钟连翘	*Forsythia* × *intermedia*	木犀科	连翘属	半常绿灌木	
530	金钟花	*F. viridissima*	木犀科	连翘属	落叶灌木	
531	花叶柊树	*Osmanthus heterophyllus* 'Variegata'	木犀科	木犀属	常绿灌木或小乔木	
532	金森女贞	*Ligustrum japonicum* 'Howardii'	木犀科	女贞属	常绿灌木	欧洲彩叶女贞
533	金叶女贞	*L.* × *vicaryi*	木犀科	女贞属	常绿灌木	金叶卵叶女贞、云翳女贞
534	'银霜' 日本女贞	*L. japonicum* 'Jack Frost'	木犀科	女贞属	常绿灌木	日本女贞
535	'柠檬之光' 小叶女贞	*L. ovalifolium* 'Lemon and Lime'	木犀科	女贞属	常绿灌木	

序号	中文名	拉丁名	科	属	宁波应用类别	主要应用品种及相似种类
536	辉煌女贞	*L. lucidum* 'Excelsum Superbum'	木犀科	女贞属	常绿灌木	
537	金边水蜡	*L. obtusifolium* var. *aureo-marginatum*	木犀科	女贞属	落叶灌木	金叶水蜡
538	小蜡	*L. sinense*	木犀科	女贞属	落叶灌木	
539	银姬小蜡	*L. sinense* 'Variegatum'	木犀科	女贞属	常绿灌木	金姬小蜡
540	迎春	*Jasminum nudiflorum*	木犀科	素馨属	常绿灌木	
541	云南黄馨	*J. mesnyi*	木犀科	素馨属	常绿灌木	
542	浓香茉莉	*J. odoratissimum*	木犀科	素馨属	常绿灌木	
543	醉鱼草	*Buddleja lindleyana*	马钱科	醉鱼草属	落叶灌木	
544	大叶醉鱼草	*B. davidii*	马钱科	醉鱼草属	落叶灌木	
545	大花醉鱼草	*B. colvilei*	马钱科	醉鱼草属	落叶灌木	
546	六月雪	*Serissa japonica*	茜草科	白马骨属	常绿灌木	
547	银边六月雪	*S. japonica* 'Variegata'	茜草科	白马骨属	常绿灌木	
548	花叶栀子	*Gardenia jasminoides* 'Variegata'	茜草科	栀子属	常绿灌木	小叶栀子
549	雀舌栀子	*G. jasminoides* var. *radicana*	茜草科	栀子属	常绿灌木	
550	大花栀子	*G. jasminoides* f. *grandiflora*	茜草科	栀子属	常绿灌木	
551	海州常山	*Clerodendrum trichotomum*	马鞭草科	大青属	落叶灌木	
552	臭牡丹	*C. bungei*	马鞭草科	大青属	落叶灌木	
553	柠檬马鞭草	*Aloysia citriodora*	马鞭草科	橙香木属	落叶亚灌木	
554	单叶蔓荆	*Vitex rotundifolia*	马鞭草科	牡荆属	落叶灌木	穗花牡荆、牡荆
555	金叶莸	*Caryopteris* × *clandonensis* 'Worcester Gold'	马鞭草科	莸属	常绿灌木	阳光莸
556	兰香草	*C. incana*	马鞭草科	莸属	落叶小灌木	
557	紫珠	*Callicarpa bodinieri*	马鞭草科	紫珠属	落叶灌木	
558	华紫珠	*C. cathayana*	马鞭草科	紫珠属	落叶灌木	
559	白棠子树	*C. dichotoma*	马鞭草科	紫珠属	落叶灌木	

续表

序号	中文名	拉丁名	科	属	宁波应用类别	主要应用品种及相似种类
560	日本紫珠	*C. japonica*	马鞭草科	紫珠属	灌木	
561	迷迭香	*Rosmarinus officinalis*	唇形科	迷迭香属	常绿灌木	
562	匍匐迷迭香	*R. officinalis* ‘Prostratus’	唇形科	迷迭香属	常绿灌木	
563	水果蓝	*Teucrium fruticans*	唇形科	香科科属	常绿灌木	
564	荚蒾	*Viburnum dilatatum*	忍冬科	荚蒾属	落叶灌木	
565	地中海荚蒾	*V. tinus*	忍冬科	荚蒾属	常绿灌木	
566	蝴蝶戏珠花	*V. plicatum* f. *tomentosum*	忍冬科	荚蒾属	落叶灌木	
567	木绣球	*V. macrocephalum*	忍冬科	荚蒾属	落叶灌木	
568	天目琼花	*V. opulus* var. *calvescens*	忍冬科	荚蒾属	落叶灌木	
569	琼花	*V. macrocephalum* f. *keteleeri*	忍冬科	荚蒾属	半常绿灌木	
570	金叶接骨木	*Sambucus canadensis* ‘Aurea’	忍冬科	接骨木属	落叶灌木	
571	花叶接骨木	*S. nigra* ‘Aureo-Variegata’	忍冬科	接骨木属	落叶灌木	
572	西洋接骨木	*S. nigra*	忍冬科	接骨木属	落叶灌木	银边接骨木、金边西洋接骨木
573	红果接骨木	*S. racemosa*	忍冬科	接骨木属	落叶灌木或小乔木	黑叶接骨木、金叶裂叶接骨木
574	接骨木	*S. williamsii*	忍冬科	接骨木属	落叶灌木	
575	锦带花	*Weigela florida*	忍冬科	锦带花属	落叶灌木	
576	‘红王子’锦带花	*W. florida* ‘Red Prince’	忍冬科	锦带花属	落叶灌木	花叶锦带花、紫叶锦带花
577	海仙花	*W. coraeensis*	忍冬科	锦带花属	落叶灌木	
578	六道木	*Abelia biflora*	忍冬科	六道木属	落叶灌木	
579	糯米条	*A. chinensis*	忍冬科	六道木属	落叶灌木	
580	大花六道木	*A.×grandiflora*	忍冬科	六道木属	落叶灌木	
581	金叶大花六道木	*A.×grandiflora* ‘Aurea’	忍冬科	六道木属	常绿灌木	
582	须蕊忍冬	*Lonicera chrysantha* ssp. *Koehneana*	忍冬科	忍冬属	落叶灌木	
583	郁香忍冬	*L. fragrantissima*	忍冬科	忍冬属	落叶灌木	
584	亮叶忍冬	*L. ligustrina* var. *yunnanensis*	忍冬科	忍冬属	常绿灌木	

续表

序号	中文名	拉丁名	科	属	宁波应用类别	主要应用品种及相似种类
585	匍枝亮绿忍冬	*L. nitida* 'Maigrun'	忍冬科	忍冬属	常绿灌木	
586	'红星'澳洲朱蕉	*Cordyline australis* 'Red Star'	百合科	朱蕉属	常绿灌木	朱蕉、'红巨人'朱蕉
587	菲白竹	*Sasa fortunei*	禾本科	赤竹属	常绿地被竹	菲黄竹
588	剑麻	*Agave sisalana*	龙舌兰科	龙舌兰属	常绿灌木	
589	凤尾兰	*Yucca gloriosa*	龙舌兰科	丝兰属	常绿灌木	
590	金边凤尾兰	*Y. gloriosa* 'Bright Rdge'	龙舌兰科	丝兰属	常绿灌木	
591	丝兰	*Y. smalliana*	龙舌兰科	丝兰属	常绿灌木	金心丝兰

参考文献

[1]中国植物志编辑委员会. 中国植物志[M]. 北京：科学出版社，1959—2004.
[2]章绍尧，丁炳扬. 浙江植物志[M]. 杭州：浙江科学技术出版社，1993.
[3]李宏庆. 华东种子植物检索手册[M]. 上海：上海华东师范大学出版社，2010.
[4]徐峰. 花坛与花境[M]. 北京：化学工业出版社，2008.
[5]高亚红，吴棣飞. 花境植物选择指南[M]. 武汉：华中科技大学出版社，2016.
[6]张秀丽. 花坛与花境设计[M]. 北京：金盾出版社，2006.
[7]美好家园.花坛与花境设计[M]. 周洁，译. 武汉：湖北科学技术出版社，2016.
[8]成海钟. 花境赏析[M]. 北京：中国林业出版社，2018.
[9]夏宜平. 园林地被植物[M]. 杭州：浙江科学技术出版社，2008.
[10]夏宜平. 园林花境景观设计[M]. 北京：化学工业出版社，2009.
[11]伯德. 花境设计师[M]. 周武忠，译. 南京：东南大学出版社，2003.
[12]魏钰，张佐双，朱仁元. 花境设计与应用大全[M]. 北京：北京出版社，2006.
[13]吴玲. 地被植物与景观[M]. 北京：中国林业出版社，2007.
[14]徐晔春，吴棣飞. 观赏灌木[M]. 北京：中国电力出版社，2010.
[15]阮积惠，徐礼根. 地被植物图谱[M]. 北京：中国建筑工业出版社，2007.
[16]吴棣飞，高亚红. 园林地被[M]. 北京：中国电力出版社，2010.
[17]刘延江. 花卉[M]. 沈阳：辽宁科学技术出版社，2010.
[18]李作文，刘家桢. 园林地被植物的选择与应用[M]. 沈阳：辽宁科学技术出版社，2009.
[19]李根有，李修鹏，张芬耀，等. 宁波珍稀植物[M]. 北京：科学出版社，2017.
[20]宁波市园林管理局. 宁波园林植物[M]. 浙江：浙江科学技术出版社，2011.
[21]华东师范大学，上海师范大学. 种子植物属种检索表(上下册)[M]. 北京：人民教育出版社，1980.
[22]邢公侠. 蕨类名词及名称[M]. 北京：科学出版社，1982.
[23]冯宋明. 拉汉英种子植物名称[M]. 北京：科学出版社，1983.

索 引

F

G

H

J

K

L

M

N

O

P

Q

R

S

T

W

X

Y

Z

注：本索引采用学名与别名共同检索的方式。

后　记

关于《宁波花境》一书，为给读者解惑，就如下几点进行说明：一是植物的排列顺序，种子植物采用恩格勒系统，蕨类植物则用秦仁昌蕨类植物分类系统；二是在第二章宁波主要花境植物内容中，多数以原种为主进行描述，而在宁波的实际应用中有部分植物多见品种或变种，原种反而运用得少，因此这些植物以品种或变种为主进行介绍；三是关于植物的类别，有部分植物介于一二年生、多年生、灌木等分类之间，跨两个分类，本书中则采用常见的应用类别进行分类；四是球根花卉中以球茎类为主归类；五是关于花境案例的植物列表中出现的高大乔木类，在名录中不再列出；六是关于部分竹类植物，因竹类在花境中应用较少，本书名录中将其归于木本类，不再另作分类；七是关于植物园艺品种的问题，科技进步使得新的品种不断出现，本书中仅列部分以示代表；八是花境植物种类繁多，虽以多年生宿根花卉为主，以一二年生花卉作补充，但也有不少从业者用南方植物或国外新品种代替一二年生花卉在花境中应用，且效果较好，因篇幅有限不一一列举。诚若前人所说，书籍一旦问世，功过由人评说。关于上述问题，欢迎各类专家学者及专业人士批评指正，待后进者更上一层楼。

《宁波花境》的编著出版，凝聚了领导、专家和编著人员的大量心血。从2016年年初酝酿立项开始，本书的编写得到了宁波市人民政府、宁波市城市管理局有关领导的高度重视和真挚关心，宏观指导、协调推进，确保了本书的编写顺利完成。我们谨向各级有关领导和相关单位表示深深的谢意。

我们向为本书提供花境案例的宁波植物园、浙江同信园林建设股份有限公司、浙江金峨生态建设有限公司等单位致谢。

我们向浙江科学技术出版社致谢，感谢出版社领导对本书出版工作的关心，感谢孙莓莓老师及其团队为本书出版工作付出的努力。

我们也向宁波市园林科技研究中心的科技人员致谢。

我们深信《宁波花境》能更好地服务于宁波的园林绿化事业，在美化、彩化、亮化甬城上起到积极的推动作用。诚如序中所言，花境多美丽，生活多美好。

宁波市园林管理局

2019年12月